Wafaa Taia

Biodiversidad y taxonomía de las plantas

Wafaa Taia

Biodiversidad y taxonomía de las plantas

Definición, historia y clasificación de las plantas

Editorial Académica Española

Imprint

Cover image: www.ingimage.com

Publisher:
Editorial Académica Española
is a trademark of
International Book Market Service Ltd., member of OmniScriptum Publishing Group
17 Meldrum Street, Beau Bassin 71504, Mauritius
Printed at: see last page
ISBN: 978-620-0-39451-4

Contenido

¿Qué es la biodiversidad?

La biodiversidad o diversidad biológica en su totalidad se ha definido como "*la variabilidad entre los organismos vivos de todas las fuentes, incluidos los sistemas terrestres, marinos y otros sistemas acuáticos y los complejos ecológicos de los que forman parte: esto incluye la diversidad dentro de las especies, entre las especies y de los ecosistemas*".

Ilustraciones de diversos niveles de biodiversidad

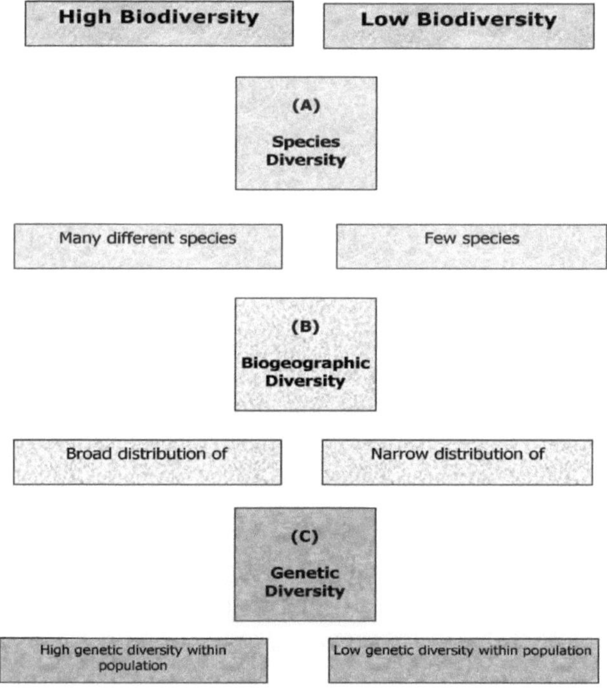

Diversidad de especies

Se refiere a la variedad de especies vivas dentro de un área geográfica.

Diversidad de plantas

Si miras alrededor de todos los diferentes tipos de plantas que crecen en la tierra, se pueden poner en uno de los cuatro grupos. Estos grupos son **briofitas**, **pteridofitas** o plantas sin semillas, **gimnospermas** y **angiospermas**. El más complejo de estos grupos es el de las angiospermas o plantas con flores.

Los briofitos también se llaman plantas **no vasculares** porque no tienen tejido vascular. Los otros tres grupos tienen verdadero tejido vascular compuesto por tubos que utilizan para transportar agua, minerales y azúcares de un lugar a otro dentro de la planta. Ejemplos de briofitas son musgos, **hornabeques** y **hepáticas**. Esta categoría de planta no puede crecer muy grande porque utiliza principalmente la **difusión** simple para obtener agua de transporte y otros materiales.

El siguiente grupo de plantas es el de las pteridofitas o plantas **sin semillas**. Estas plantas tienen tejido vascular, pero no tienen semillas como parte de su ciclo de vida. Ejemplos de pteridofitas son los **helechos** y las colas de **caballo**. Los pteridofitos necesitan agua para su reproducción, por lo que sólo se encuentran viviendo en lugares húmedos.

El primer tipo de plantas con semillas son las gimnospermas. Una **semilla** consiste en una planta bebé y su suministro de alimentos rodeada por una cubierta protectora. Los tipos más familiares de gimnospermas son las **coníferas** como los **pinos**, el **abeto** y el **abeto rojo**.

El último y más complejo grupo de plantas son las **angiospermas**. Las angiospermas también tienen semillas, pero las semillas están contenidas dentro de **las flores**. Las angiospermas también se llaman plantas con flores. La flor es una estructura angiospérmica que se utiliza para la reproducción. Las angiospermas también tienen frutos, que ayudan a dispersar las semillas. Los frutos protegen las semillas y ayudan a dispersarlas hasta que están listas para crecer en nuevas plantas.

Por lo tanto, hay una gran variación en la estructura de las plantas. Va desde microscópicas a inmensos árboles. El medio ambiente afecta a la forma, tamaño, tasa de crecimiento y función fisiológica de las plantas. Hay una gran variación en los tipos de ambientes. Las traqueidas son las células conductoras de agua especializadas desarrolladas por las plantas como una adaptación al medio ambiente terrestre. Los embriones que tienen traqueidas se llaman traqueofitas, que están formadas por 10 filas. Las no traqueófilas carecen de traqueidas y tienen 3 filas: hepáticas, de cuerno y de musgo. Se requiere un nuevo modo de reproducción para las plantas terrestres. Más de 300.000 están presentes pero muchos miles permanecen desconocidos.
Las plantas son fototrofas multicelulares, la mayoría vive en la tierra y poseen plásticos, clorofila y generan energía por la fotosíntesis. Almacenan almidón como alimento de reserva y su pared celular está compuesta de celulosa. La mayoría de las plantas que se reproducen sexualmente son capaces de propagarse asexualmente. La alternancia de generaciones es un rasgo universal de los ciclos de vida de las plantas.

El componente fundamental de la taxonomía

a- Clasificación b-Identificación

c-Descripción d- Nomenclatura

a-Clasificación es la colocación de plantas conocidas en grupos o categorías para mostrar alguna relación. La clasificación científica sigue un sistema de reglas que estandariza los resultados y agrupa las categorías sucesivas en una jerarquía. Por ejemplo, la familia a la que pertenecen los lirios se clasifica de la siguiente manera:

- Reino: Plantae
- División: Magnoliophyta (Angiospermas)
- Clase: Liliopsida
- Orden: Liliales
- **La familia**: **Liliaceae**
- Género: ... ...

La clasificación de las plantas da como resultado un sistema organizado para la denominación y catalogación de futuros especímenes, e idealmente refleja las ideas científicas sobre las interrelaciones de las plantas.

b-Identificación donde determinamos el nombre de los organismos preclasificados. Para ello, hay varias formas de identificación, de las cuales son:

-

1- Determinación de expertos mediante el uso de monografías, **revisiones, conspectus, sinopsis y floras**.

2- Comparación de especies desconocidas con especímenes bien nombrados, fotografías, ilustraciones o descripciones.

3- Con la ayuda de llaves, que son de dos tipos: llave **entre paréntesis o llave con sangría.** En la construcción de una llave tenemos que elegir el carácter más fácil de notar para darle a priori en las identificaciones.

c-Descripción una descripción científica tiene que describir cada personaje en sistema jerárquico . La unidad básica en la descripción son los estados de los caracteres que se basan en la morfología u otra herramienta taxonómica.

d- Nomenclatura Donde tenemos que dar nombres a este espécimen,... Y esto se rige por **un código internacional de nomenclatura botánica (ICBN)** y debe ser **por la lengua latina** y por el **sistema binomial de nomenclatura**.

Taxonomía de las plantas

¿Qué es la taxonomía y cuándo se originó?

La taxonomía es la práctica y la ciencia de la clasificación, la palabra significa **ley del orden, o ciencia del orden.** Esta rama de la ciencia se ocupa de la organización de los seres vivos y de agruparlos según sus similitudes.

Sin embargo, nuestro universo ha enfrentado muchas pruebas de clasificación desde que el hombre se creó. Los pueblos se dieron cuenta de que hay cosas inmutables y fijas y otras que crecen, se reproducen e incluso se mueven. Por lo tanto, decidieron que hay dos grupos de cosas: 1) cosas inmutables 2) cosas cambiantes.

Más tarde, encontraron que hay plantas verdes y hay animales y ambos crecen, se reproducen, pero pensaron que las plantas no pueden moverse. Poco a poco, las cosas se aclararon y se hicieron pruebas de clasificación para entender el entorno.

Hay tres fases en los estudios taxonómicos; son :-

1- fase exploratoria, que incluye la recolección y posterior clasificación.

2- Fase sistemática, en la que se llevan a cabo extensos estudios de herbario y de campo.

3- Fase biosistemática, donde se hacen detallados estudios genéticos, citológicos, anatómicos y químicos.

A los trabajos taxonómicos se ha añadido otra **cuarta fase** que es **la fase enciclopédica**, en la que todos los datos de todos los instrumentos estudiados se reúnen para formar una clasificación natural.

Las dos primeras fases comprenden la **taxonomía Alfa**, mientras que las otras dos fases comprenden la taxonomía **Omega**.

La taxonomía, en general, y especialmente la taxonomía de las plantas ha experimentado un largo camino de desarrollo hasta estos días. Comienza desde la taxonomía **popular** hasta la **artificial, en la que sólo se utiliza un carácter para la clasificación, y luego la taxonomía natural** comienza con la invención de los microscopios y el desarrollo de herramientas de investigación, **en las que hay que tener en cuenta más caracteres para la clasificación. La taxonomía filogenética es la clasificación según la relación de desarrollo.**

Introducción a la clasificación

En esta sección aprenderá sobre el **sistema de clasificación de Linneo** utilizado en las ciencias biológicas para describir y categorizar todos los seres vivos. El objetivo es descubrir cómo encajan los humanos en este sistema. Además, descubrirá parte de la gran diversidad de formas de vida y comprenderá por qué algunos animales se consideran cercanos a nosotros en su historia evolutiva.

¿Cuántas especies hay?

No es una pregunta fácil de responder. Alrededor de 1,8 millones han recibido nombres científicos. Casi 2/3 de ellos son insectos. Las estimaciones del número total de especies vivas generalmente oscilan entre 10 y 100 millones. Es probable que el número real sea del orden de 13 a 14 millones, siendo la mayoría insectos y formas de vida microscópicas en las regiones tropicales. Sin embargo, tal vez nunca sepamos cuántos hay porque muchos de ellos se extinguirán antes de ser contados y descritos.

La tremenda diversidad de la vida actual no es nueva en nuestro planeta. El destacado paleontólogo Stephen Jay Gould estimó que el 99% de todas las especies de plantas y animales que han existido ya se han extinguido y la mayoría no deja fósiles. También es una lección de humildad darse cuenta de que los humanos y otros animales grandes son formas de vida extrañamente raras, ya que el 99% de todas las especies animales conocidas son más pequeñas que los abejorros.

¿Por qué deberíamos estar interesados en aprender sobre la diversidad de la vida?

Para comprender plenamente nuestra propia evolución biológica, debemos ser conscientes de que los humanos son animales y que tenemos parientes cercanos en el reino animal. Para entenderlo, es importante comprender las distancias evolutivas comparativas entre las diferentes especies. Además, es divertido aprender sobre otros tipos de criaturas.

¿Cuándo empezaron los científicos a clasificar los seres vivos?

Antes del advenimiento de los modernos estudios evolutivos de base genética, la biología europea y americana consistía principalmente en la **taxonomía,** o clasificación de los organismos en diferentes categorías basadas en sus características físicas. Los principales naturalistas de los siglos XVIII y XIX pasaron sus vidas identificando y nombrando plantas y animales recién descubiertos. Sin embargo, pocos de ellos preguntaron qué explicaba los patrones de similitudes y diferencias entre los organismos. Este enfoque básicamente no especulativo no es sorprendente, ya que la mayoría de los naturalistas de hace dos siglos sostenían la opinión de que las plantas y los animales (incluidos los seres humanos) habían sido creados en su forma actual y que han permanecido inalterados. Como resultado, no tiene sentido preguntarse cómo han evolucionado los organismos a través del tiempo. Del mismo modo, era inconcebible que dos animales o plantas pudieran tener un ancestro común o que especies extintas pudieran ser antepasados de las modernas.

Uno de los más importantes naturalistas del siglo XVIII fue un botánico y médico sueco llamado Karl von Linné. Escribió 180 libros describiendo principalmente las especies de plantas con extremo detalle. Dado que sus escritos publicados estaban en su mayoría en latín, es conocido en el mundo científico de hoy como **Carolus Linneo**, que es la forma latinizada que eligió para su nombre.

En 1735, Linneo publicó un influyente libro titulado *Systema Naturae* en el que esbozaba su esquema para clasificar todos los organismos conocidos y aún no descubiertos según el mayor o menor grado de sus similitudes. Este sistema de clasificación de Linneo fue ampliamente aceptado a principios del siglo XIX y sigue siendo el marco básico de toda la taxonomía de las ciencias biológicas en la actualidad.

El sistema de Linneo utiliza dos categorías de nombres latinos, **género** y **especie**, para designar cada tipo de organismo. Un género es una categoría de nivel superior que incluye una o más especies bajo ella. Esta designación de doble nivel se denomina nomenclatura binomial o **binomen** (literalmente "dos nombres" en latín). Por ejemplo, Linneo describió a los seres humanos en su sistema con el binómeno ***Homo sapiens***, o "el hombre sabio"... Homo es nuestro género y *sapiens* es nuestra especie.

<table>
<tr><td colspan="2">género</td><td colspan="2">género</td></tr>
<tr><td>especies</td><td>especies</td><td>especies</td><td>especies</td></tr>
</table>

Linneo también creó categorías de clasificación más altas e inclusivas. Por ejemplo, colocó a todos los monos y simios junto con los humanos en el orden ***Primates***. Su uso de la palabra Primates (del latín *primus* que significa "primero") refleja la visión del mundo centrada en el ser humano de la ciencia occidental durante el siglo XVIII. Implicaba que los humanos fueron "creados" primero. Sin embargo, también indicaba que las personas son animales.

<table>
<tr><td colspan="8">ordena</td></tr>
<tr><td colspan="4">familia</td><td colspan="4">familia</td></tr>
<tr><td colspan="2">género</td><td colspan="2">género</td><td colspan="2">género</td><td colspan="2">género</td></tr>
<tr><td colspan="2">Tribu</td><td colspan="2">Tribu</td><td colspan="2">Tribu</td><td colspan="2">Tribu</td></tr>
<tr><td>especies</td><td>especies</td><td>especies</td><td>especies</td><td>especies</td><td>especies</td><td>especies</td><td>especies</td></tr>
</table>

Si bien la forma del sistema de clasificación de Linneo sigue siendo sustancialmente la misma, el razonamiento detrás de él ha sufrido un cambio considerable. Para Linneo y sus contemporáneos, la taxonomía sirvió para demostrar el orden inalterable inherente a la creación bíblica y fue un fin en sí misma. Desde esta perspectiva, pasar una vida dedicada a describir y nombrar organismos con precisión era un acto religioso porque revelaba la gran complejidad de la vida creada por Dios.

Esta visión estática de la naturaleza fue volcada en la ciencia a mediados del siglo XIX por un pequeño número de naturalistas radicales, en particular **Charles Darwin**. Él proporcionó pruebas concluyentes de que la evolución de las formas de vida ha ocurrido. Además, propuso la selección natural como el mecanismo responsable de estos cambios.

A finales de su vida, Linneo también comenzó a tener algunas dudas acerca de que las especies eran inmutables. Los cruces que dieron lugar a nuevas variedades de plantas le sugirieron que las formas de vida podrían cambiar un poco. Sin embargo, no llegó a aceptar la evolución de una especie en otra.

¿Por qué clasificamos los seres vivos hoy en día?

Desde la época de Darwin, la clasificación biológica ha llegado a entenderse como el reflejo de las distancias evolutivas y las relaciones entre los organismos. Las criaturas de nuestro tiempo han tenido antepasados comunes en el pasado. En un sentido muy real, son miembros del mismo árbol familiar.

La gran diversidad de la vida es en gran parte el resultado de la evolución ramificada o de la **radiación adaptativa**. Se trata de la diversificación de una especie en diferentes líneas a medida que se adaptan a nuevos nichos ecológicos y, en última instancia, evolucionan en especies distintas. La selección natural es el principal mecanismo que impulsa la radiación adaptativa.

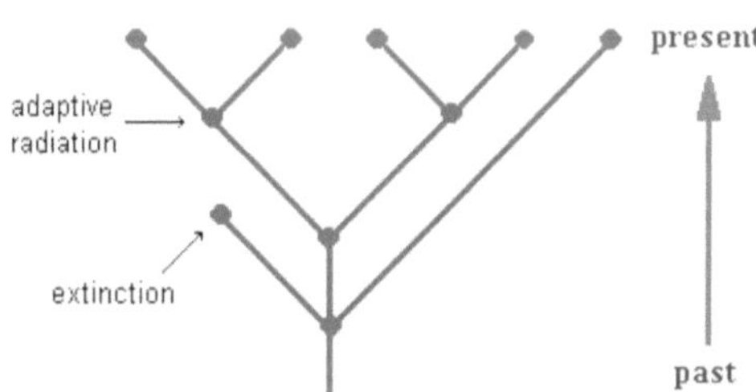

La clasificación científica o **clasificación biológica** es la forma en que los biólogos agrupan y clasifican las especies de organismos extintos y vivos. La clasificación moderna tiene sus raíces en el sistema de Carolus Linnaeus, que agrupaba las especies según características físicas compartidas. Estas agrupaciones han sido revisadas desde Linneo para mejorar la consistencia con el principio darwiniano de descendencia común. La sistemática molecular , que utiliza el análisis del ADN genómico , ha impulsado muchas revisiones recientes y es probable que continúe haciéndolo. La clasificacion cientifica pertenece a la ciencia de la taxonomia o la sistematica biologica .

Los primeros sistemas

El primer sistema conocido de clasificación de formas de vida proviene del filósofo griego Aristóteles, quien clasificó a los animales en función de sus medios de transporte (aire, tierra o agua).

En 1172 Ibn Rushd (Averroes), quien era un juez (Qaadi) en Sevilla , tradujo y abrevió el libro *de* Aristóteles *de Anima* (*On the Soul*) al árabe. Su comentario original se ha perdido, pero su traducción al latín por Michael Scot sobrevive. Un importante avance fue hecho por el profesor suizo Conrad von Gesner (1516-1565). El trabajo de Gesner fue una compilación crítica de la vida conocida en la época.

La exploración de partes del Nuevo Mundo trajo a la mano descripciones y especímenes de muchas formas nuevas de vida animal. A finales del siglo XVI y principios del XVII se inició un cuidadoso estudio de los animales que, dirigido en primer lugar a los tipos conocidos, se fue ampliando gradualmente hasta formar un cuerpo de conocimientos suficiente para servir de base anatómica para la clasificación. Los avances en la utilización de estos conocimientos para clasificar los seres vivos están en deuda con las investigaciones de anatomistas médicos como Fabricio (1537-1619), Petrus Severinus (1580-1656), William Harvey (1578-1657) y Edward Tyson (1649-1708). Los avances en la clasificaciÃ³n gracias al trabajo de los entomÃ³logos y los primeros microscopistas se debe a la investigaciÃ³n de personas como Marcello Malpighi (1628-1694), Jan Swammerdam (1637-1680) y Robert Hooke (1635-1702).

John Ray (1627-1705) fue un naturalista inglés que publicó importantes trabajos sobre plantas, animales y teología natural. El enfoque que tomó para la clasificación de las plantas en su Historia Plantarum fue un paso importante hacia la taxonomía moderna. Ray rechazó el sistema de división dicotómica por el cual las especies se clasificaban según un sistema preconcebido, de uno u otro tipo, y en su lugar clasificó las plantas según las similitudes y diferencias que surgían de la observación.

Linneo

Dos años después de la muerte de John Ray, nació Carolus Linnaeus (1707-1778). Su gran obra, el *Systema Naturae* , tuvo doce ediciones durante su vida (1ª edición 1735). En esta obra la naturaleza se dividió en tres reinos: mineral, vegetal y animal. Linneo usó cuatro rangos: clase, orden, género y especie.

Linneo es más conocido por su introducción del método que aún se utiliza para formular el nombre científico de cada especie. Antes de Linneo, se habían usado largos nombres de muchas palabras, pero como estos nombres daban una descripción de la especie, no eran fijos. Al utilizar sistemáticamente un nombre latino de dos palabras â?" el nombre del género seguido del epíteto específico â?" Linneo separó la nomenclatura de la taxonomía. Esta convención para nombrar especies se denomina nomenclatura binomial.

Hoy en día, la nomenclatura está regulada por los Códigos de Nomenclatura , que permiten nombres divididos en rangos: ver rango (botánica) y rango (zoología) .

Los desarrollos modernos

Mientras que Linneo clasificó para facilitar la identificación, ahora se acepta generalmente que la clasificación debe reflejar el principio darwiniano de ascendencia común .

Desde los años 60 ha surgido una tendencia llamada taxonomía cladística o cladismo, que organiza los taxones en un árbol evolutivo. Si un taxón incluye a todos los descendientes de alguna forma ancestral, se le llama monofilético , en oposición a parafilético . Otros grupos se llaman polifiléticos .

Actualmente se está desarrollando un nuevo código formal de nomenclatura, el PhyloCode , destinado a tratar con clados en lugar de taxones. No está claro, en caso de que se implemente, cómo coexistirán los diferentes códigos.

Los dominios son una agrupación relativamente nueva. El sistema de tres dominios se inventó por primera vez en 1990, pero no se aceptó en general hasta más tarde. Ahora, la mayoría de los biólogos aceptan el sistema de dominios, pero una gran minoría utiliza el método de los cinco reinos. Una característica principal del método de tres dominios es la separación de las Arqueas y las Bacterias, anteriormente agrupadas en el reino único de las Bacterias (a veces Monera). Una pequeña minoría de científicos agrega a Archaea como un sexto reino pero no acepta el método de los dominios.

Ejemplos

Las clasificaciones usuales de cinco especies siguen: la mosca de la fruta tan familiar en los laboratorios de genética (*Drosophila melanogaster*), la humana s (*Homo sapiens*), el guisante s usado por Gregor Mendel en su descubrimiento de la genética (*Pisum sativum*), la mosca agárica del hongo *Amanita muscaria* , y la bacteria *Escherichia coli* . Los ocho rangos mayores se dan en negrita; una selección de rangos menores también se dan.

Rango	La mosca de la fruta	Humano	Guisante	Agárico de la mosca	*E. coli*
Dominio	Eukarya	Eukarya	Eukarya	Eukarya	Bacterias
Reino	Animalia	Animal ia	Planta ae	Hongos	Bacterias
Filo o división	Arthropoda	Chordata	Magnoliophyta	Basidiomycota	Proteobacterias
Subfiltro o subdivisión	Hexapoda	Vertebrata	Magnoliophytina	Himenomicotina	
Clase	Insecta	Mamífero ia	Magnoliopsida	Homobasidiomycet ae	Proteobacterias
Subclase	Pterygota	Placentari a	Magnoliidae	Himenomicetos	
Pedido	Dípteros	Los primates...	Fabales	Agaricales	Enterobacterias
Suborden	Brachycera	Haplorrhini	Fabineae	Agaricineae	
Familia	Drosophilidae	Homínido ae	Fabaceae	Amanitaceae	Enterobacteriaceae
Subfamilia	Drosophilinae	Homininae	Faboideae	Amanitoideae	
Género	*Drosophila*	*Homo*	*Pisum*	*Amanita*	*Escherichia*

Notas:

- Los botánicos y micólogos utilizan convenciones sistemáticas de denominación para los taxones superiores, utilizando el tallo latino del género tipo para ese taxón, más una terminación estándar (véase más adelante una lista de terminaciones estándar). Por ejemplo, la familia de las rosáceas Rosaceae recibe el nombre del tallo "Ros-" del género tipo *Rosa* más la terminación estándar "-aceae" para una familia.

- Los zoólogos usan convenciones similares para los taxones superiores, pero sólo hasta el rango de superfamilia.

- Los taxones superiores y especialmente los intermedios son propensos a la revisión a medida que se descubre nueva información sobre las relaciones. Por ejemplo, la clasificación tradicional de primates (clase Mammalia - subclase Theria - infraclase Eutheria - orden Primates) es cuestionada por nuevas clasificaciones como McKenna y Bell (clase Mammalia - subclase Theriformes - infraclase Holotheria - orden Primates). Ver la clasificación de los mamíferos para una discusión. Estas diferencias surgen porque sólo hay un pequeño número de rangos disponibles y un gran número de puntos de ramificación en el registro fósil.

- Dentro de la especie pueden reconocerse otras unidades. Los animales pueden clasificarse en subespecies (por ejemplo, *Homo sapiens sapiens* , los humanos modernos). Las plantas pueden clasificarse en subespecies (por ejemplo, *Pisum sativum* subsp. *sativum* , el guisante de jardín) o variedades (por ejemplo, *Pisum sativum* var. *macrocarpon* , el guisante de nieve), obteniendo las plantas cultivadas un nombre de cultivar (por ejemplo, *Pisum sativum var. macrocarpon* 'Snowbird'). Las bacterias pueden clasificarse por cepas (por ejemplo, Escherichia coli O157:H7 , una cepa que puede causar intoxicación alimentaria).

Sufijos de grupo

Los taxones que se encuentran por encima del nivel de género suelen recibir nombres derivados del tallo latino (o latinizado) del género tipo , más un sufijo estándar. Los sufijos utilizados para formar estos nombres dependen del reino, y a veces del filo y la clase, como se indica en el cuadro siguiente.

Rango	Plantas	Algas...	Hongos	Animal s
División/filo	-phyta	-phyta	-mycota	
Subdivisión/Subfilo	-phytina	-phytina	-micotina	
Clase	-opsida	-phyceae	-micetos	
Subclase	-idae	-físicos	-mycetidae	
Superorden	-anae			
Pedido	-ales			
Suborden	-ineae			
Infraorder	-aria			
Superfamilia	-acea	-oidea		
Familia	-aceae	-idae		
Subfamilia	-oideae	-inae		
Tribu	-eae	-ini		

Notas

- El origen de una palabra puede no ser fácil de deducir de la forma nominativa tal como aparece en el nombre del género. Por ejemplo, el latín "homo" (humano) tiene tallo "homin-", por lo tanto homínido ae, no "Homidae".

Para los animales, hay sufijos estándar para los taxones sólo hasta el rango de superfamilia.

¿Qué es la clasificación? Un breve antecedente

La clasificación es esencialmente un esfuerzo de los científicos por descubrir, reconstruir y aclarar la filogenia, o historia evolutiva, de un organismo o grupo de organismos. Este esfuerzo es parte de la sistemática, o el estudio de la diversidad y organización biológica. Los organismos se clasifican en un número de diferentes taxones, o niveles.

El número y la profundidad de los taxones sistemáticos han cambiado significativamente a lo largo de los años. A mediados del siglo XVIII, Carolus Linnaeus instituyó un sistema de dos reinos (plantas y animales), que también propuso el sistema binomial para nombrar los organismos (con el nombre científico que incluye el nombre del género y la especie). Este sistema fue prevalente y ampliamente aceptado durante más de doscientos años, pero obviamente tuvo varios problemas importantes, entre ellos la clasificación ambigua de procariotas, protistas y hongos. En 1969, el ecologista estadounidense Robert H. Whittaker instituyó un sistema de cinco reinos con los reinos Monera (los procariotas), Protista (protistas unicelulares, multicelulares y coloniales), Plantae (los fotoautótrofos pluricelulares con paredes celulares de celulosa y órganos discretos), Hongos (quimioheterótrofos multicelulares no móviles con un método de reproducción y un ciclo de vida únicos) y Animalia (los quimioheterótrofos animales-multicelulares móviles con células que carecen de paredes celulares). Este sistema ha prosperado durante tres décadas y, de hecho, todavía se utiliza ampliamente.

Diagrama del esquema de clasificación moderno:

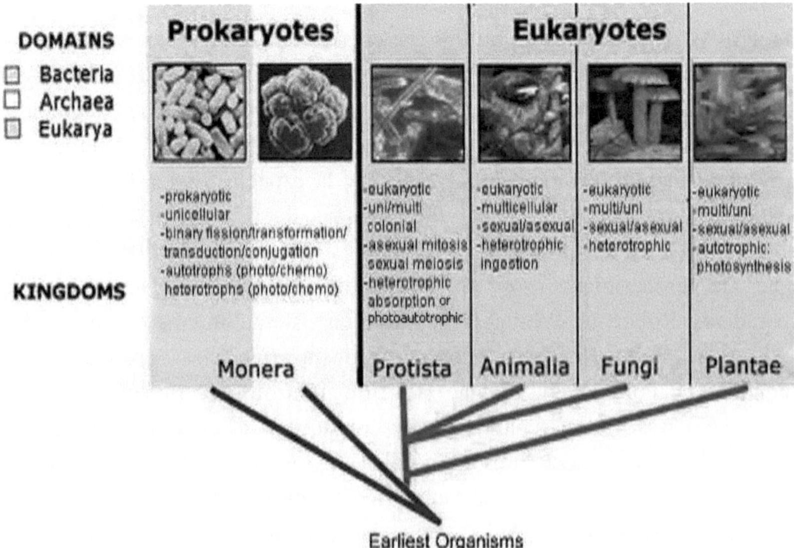

Sin embargo, en esta sección utilizaremos el sistema que ahora se considera generalmente el mejor. Este nuevo sistema instituye un taxón por encima del reino... el dominio. Bajo el nuevo sistema, la vida consiste en tres dominios: Bacteria, Archaea y Eukarya. Las Bacterias y los Arcaea son todos los procariotas, confinados a un solo reino bajo el sistema de Whittaker. Hay una serie de distinciones entre los dos dominios, que se discuten en una página separada.

Se cree que estos dos dominios han divergido muy pronto en la evolución de la vida. Los eucariontes se separaron entonces de Archaea, y comprenden el tercer dominio, que consiste en reinos de plantas, animales, hongos, y varios reinos protistas (para simplificar en este laboratorio, nos referimos a ellos ampliamente como Reino Protista). Una gran cantidad de investigación científica continúa yendo hacia el descubrimiento y apoyo (o refutando) de este sistema de clasificación.

La sistemática clásica utiliza varios métodos para derivar directamente la clasificación de un organismo. Además de las consideraciones anatómicas (incluidas las estructuras homólogas), la biología molecular se ha convertido en un instrumento poderoso, y contribuye a la sistemática al proporcionar los medios para las comparaciones de proteínas y el análisis del ADN y el ARN.

Más allá de estos métodos clásicos directos, el análisis cladístico se ha arraigado bastante recientemente (desde los años 60). Implica el uso de métodos clásicos para organizar los organismos en clados, o taxones monofiléticos. Cada clado comparte un rasgo distintivo. El estudio de estas características en el contexto de un ingroup (organismos que tienen cualquiera de las características) y un outgroup (organismos que no tienen ninguna) ha permitido el establecimiento de una serie de esquemas de clasificación eficaces. En el análisis cladístico, cada rasgo o carácter se considera un carácter primitivo (común a todo un grupo) o un carácter derivado (que surgió en la evolución dentro del grupo). El análisis cladístico tiende a ser más objetivo que el análisis clásico, y permite formular hipótesis comprobables. Estrechamente ligado al análisis cladístico está la parsimonia, o la búsqueda de la filogenia práctica más simple para un organismo.

Teniendo en cuenta este manual, podrá comprender mejor las bases de la clasificación de nuestros organismos.

La jerarquía de la clasificación biológica de los ocho principales rangos taxonómicos. No se muestran las clasificaciones intermedias menores.

Clasificación biológica

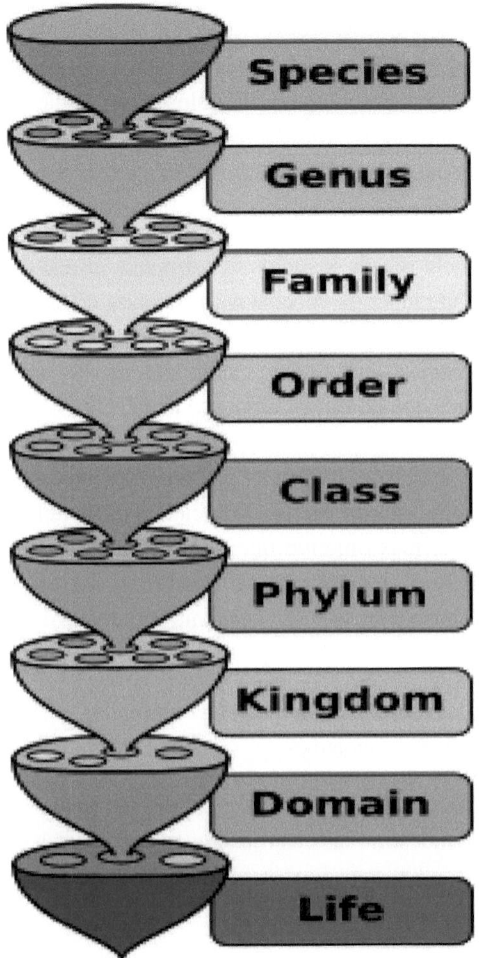

- **La clasificación biológica** o *clasificación científica en biología*, es un método por el cual los biólogos agrupan y clasifican las especies de organismos. La clasificación biológica es una forma de taxonomía científica, pero debe distinguirse de la taxonomía popular, que carece de base científica. La clasificación biológica moderna tiene sus raíces en la labor de Carolus Linnaeus, que agrupó las especies según características físicas compartidas. Desde entonces, estas agrupaciones se han revisado para mejorar la coherencia con el principio darwiniano de descendencia común. La sistemática molecular, que utiliza secuencias de ADN como datos, ha impulsado muchas revisiones recientes y es probable que siga haciéndolo. La clasificación biológica pertenece a la ciencia de la sistemática biológica.

•

Los primeros sistemas

Desde la antigüedad hasta la época medieval

Los sistemas actuales de clasificación de las formas de vida descienden del pensamiento presentado por el filósofo griego Aristóteles, quien publicó en sus obras metafísicas y lógicas la primera clasificación conocida de todo lo que sea, o "ser". Este es el esquema que dio a los modernos palabras como sustancia, especie y género y fue retenido en forma modificada y menos general por Linneo.

Aristóteles también estudió los animales y los clasificó según el método de reproducción, como lo hizo Linneo más tarde con las plantas. La clasificación de animales de Aristóteles pronto se hizo obsoleta por el conocimiento adicional y fue olvidada.

La clasificación filosófica es, en resumen, la siguiente. [1] La sustancia primaria es el ser individual; por ejemplo, Pedro, Pablo, etc. La sustancia secundaria es un predicado que puede decirse de manera adecuada o característica de una clase de sustancias primarias; por ejemplo, el hombre de Pedro, Pablo, etc. La característica no debe estar simplemente en el individuo; por ejemplo, ser hábil en la gramática. La habilidad gramatical deja fuera a la mayor parte de Pedro y por lo tanto no es característica de él. Del mismo modo, el hombre (toda la humanidad) no está en Pedro; más bien, está en el hombre.

La especie es la sustancia secundaria más propia de sus individuos. Lo más característico que se puede decir de Peter es que Peter es un hombre. Se está postulando una identidad: "El hombre" es igual a todos sus individuos y sólo a esos individuos. Los miembros de una especie difieren sólo en número pero son totalmente del mismo tipo.

El género es una sustancia secundaria menos característica y más general que la especie; por ejemplo, el hombre es un animal. No todos los animales son hombres. Está claro que un género contiene especies. No hay límite al número de géneros aristotélicos que se puede encontrar que contengan la especie. Aristóteles no estructura los géneros en filo, clase, etc., como lo hace la clasificación de Linneo.

La sustancia secundaria que distingue a una especie de otra dentro de un género es la diferencia específica. Así pues, el hombre puede comprenderse como la suma de diferencias específicas (las "diferencias" de la biología) en categorías cada vez menos generales. Esta suma es la definición; por ejemplo, el hombre es una sustancia animada, sensacional y racional. La definición más característica contiene la especie y el siguiente género más general: el hombre es un animal racional. La definición se basa, pues, en el problema de la unidad: la especie no es más que una, pero tiene muchas diferencias.

Los géneros más importantes son las categorías. Hay diez: una de sustancia y nueve de "accidentes", universales que deben estar "en" una sustancia. Las sustancias existen por sí mismas; los accidentes sólo están en ellas: cantidad, calidad, etc. No existe una categoría superior, "ser", debido al siguiente problema, que sólo fue resuelto en la Edad Media por Tomás de Aquino: una diferencia específica no es característica de su género. Si el hombre es un animal racional, entonces la racionalidad no es una propiedad de los animales. La sustancia, por lo tanto, no puede ser un tipo de ser porque no puede tener una diferencia específica, que tendría que ser un no ser.

El problema de estar ocupando la atención de los escolásticos durante la época de la Edad Media. La solución de Santo Tomás, llamada la analogía del ser, estableció el campo de la ontología, que recibió la mayor parte de la publicidad y también trazó la línea entre la filosofía y la ciencia experimental. Esta última surgió en el Renacimiento de la técnica práctica. El mayor clasificador científico, Linneo, un brillante erudito clásico, combinó las dos en el umbral de ese gran renacimiento neoclásico ahora llamado la Edad de la Ilustración.

Renacimiento a través de la edad de la razón

Un importante avance fue realizado por el profesor suizo Conrad von Gesner (1516-1565). El trabajo de Gesner fue una compilación crítica de la vida conocida en la época.

La exploración de partes del Nuevo Mundo produjo un gran número de nuevas plantas y animales que necesitaban descripciones y clasificación. Los antiguos sistemas hacían difícil estudiar y localizar todos estos nuevos especímenes dentro de una colección y a menudo las mismas plantas o animales recibían diferentes nombres porque el número de especímenes era demasiado grande para memorizar. Se necesitaba un sistema que pudiera agrupar estos especímenes para poder encontrarlos; el sistema binomial se desarrolló basado en la morfología con grupos de apariencia similar. A finales del siglo XVI y principios del XVII se inició un cuidadoso estudio de los animales que, dirigido primero a los tipos conocidos, se fue ampliando gradualmente hasta formar un cuerpo de conocimientos suficiente para servir de base anatómica para la clasificación. Los avances en la utilización de estos conocimientos para clasificar los seres vivos están en deuda con las investigaciones de los anatomistas médicos, como Fabricio (1537-1619), Petrus Severinus (1580-1656), William Harvey (1578-1657) y Edward Tyson (1649-1708). Los avances en la clasificación gracias al trabajo de los entomólogos y los primeros microscopistas se debe a la investigación de personas como Marcello Malpighi (1628-1694), Jan Swammerdam (1637-1680), y Robert Hooke (1635-1702). Lord Monboddo (1714-1799) fue uno de los primeros pensadores abstractos cuyas obras ilustran el conocimiento de las relaciones entre las especies y que prefiguró la teoría de la evolución.

Los primeros metodistas

Desde finales del siglo XV, varios autores se preocuparon por lo que llamaron *methodus,* (método). Por método los autores se refieren a una disposición de minerales, plantas y animales de acuerdo con los principios de la división lógica. El término *metodistas* fue acuñado por Carolus Linnaeus en su *Bibliotheca Botanica* para designar a los autores que se preocupan por los principios de clasificación (en contraste con los meros *coleccionistas* que se preocupan principalmente por la descripción de las plantas prestando poca o ninguna atención a su disposición en los géneros, etc.). Los primeros metodistas importantes fueron el filósofo, médico y botánico italiano Andrea Caesalpino, el naturalista inglés John Ray, el médico y botánico alemán Augustus Quirinus Rivinus y el médico, botánico y viajero francés Joseph Pitton de Tournefort.

Andrea Caesalpino (1519-1603) en su *De plantis libri XVI* (1583) propuso la primera disposición metódica de plantas. Basándose en la estructura del tronco y la fructificación, dividió las plantas en quince "géneros superiores".

John Ray (1627-1705) fue un naturalista inglés que publicó importantes trabajos sobre plantas, animales y teología natural. El enfoque que tomó para la clasificación de las plantas en su Historia Plantarum fue un paso importante hacia la taxonomía moderna. Ray rechazó el sistema de división dicotómica por el cual las especies se clasificaban según un sistema preconcebido, de uno o de otro tipo, y en su lugar clasificó las plantas según las similitudes y diferencias que surgieron de la observación.

Tanto Caesalpino como Ray utilizaban nombres tradicionales de plantas y, por lo tanto, el nombre de una planta no reflejaba su posición taxonómica (por ejemplo, aunque la manzana y el melocotón pertenecían a diferentes "géneros superiores" del *methodus* de John Ray, ambos conservaban sus nombres tradicionales *Malus* y *Malus Persica* respectivamente). Un paso más allá lo dieron Rivinus y Pitton de Tournefort, que hicieron del género un rango distinto dentro de la jerarquía taxonómica e introdujeron la práctica de nombrar las plantas según sus géneros.

Augusto Rivinus (1652-1723), en su clasificación de plantas basada en los caracteres de la flor, introdujo la categoría de orden (correspondiente a los géneros "superiores" de John Ray y Andrea Caesalpino). Fue el primero en abolir la antigua división de las plantas en hierbas y árboles e insistió en que el verdadero método de división debía basarse sólo en las partes de la fructificación. Rivinus usó extensamente las claves dicotómicas para definir tanto los órdenes como los géneros. Su método de nombrar las especies de plantas se parecía al de Joseph Pitton de Tournefort. Los nombres de todas las plantas que pertenecen al mismo género deben comenzar con la misma palabra (nombre genérico). En los géneros que contenían más de una especie, la primera especie se nombraba sólo con el nombre genérico, mientras que la segunda, etc., se nombraba con una combinación del nombre genérico y un modificador (*differentia specifica*).

Joseph Pitton de Tournefort (1656-1708) introdujo una jerarquía aún más sofisticada de clase, sección, género y especie. Fue el primero en utilizar de manera consistente los nombres de especies compuestos uniformemente que consistían en un nombre genérico y una frase diagnóstica de muchas palabras "*differentia specifica*". A diferencia de Rivinus, él usó *diferenciales* con todas las especies de géneros politípicos.

Los sistemas modernos

Linnaean

Dos años después de la muerte de John Ray, nació Carolus Linnaeus (1707-1778). Su gran obra, el *Systema Naturae* (1ª ed. 1735), tuvo doce ediciones durante su vida. En esta obra, la naturaleza se dividió en tres reinos: mineral, vegetal y animal. Linneo usó cinco rangos: clase, orden, género, especie y variedad.

Abandonó los largos nombres descriptivos de clases y órdenes y los nombres genéricos de dos palabras (por ejemplo, *Bursa pastoris*) que todavía utilizaban sus predecesores inmediatos (Rivinus y Pitton de Tournefort) y los sustituyó por nombres de una sola palabra, proporcionó a los géneros diagnósticos detallados (*characteres naturales*) y redujo numerosas variedades a su especie, salvando así a la botánica del caos de las nuevas formas producidas por los horticultores.

Linneo es más conocido por su introducción del método que aún se utiliza para formular el nombre científico de cada especie. Antes de Linneo, se habían utilizado largos nombres de muchas palabras (compuestos de un nombre genérico y una *diferencia específica*), pero como estos nombres daban una descripción de la especie, no eran fijos. En su *Philosophia Botanica* (1751) Linneo hizo todo lo posible por mejorar la composición y reducir la longitud de los nombres de muchas palabras, suprimiendo retóricas innecesarias, introduciendo nuevos términos descriptivos y definiendo su significado con una precisión sin precedentes. A finales de la década de 1740 Linnaeus comenzó a utilizar un sistema paralelo de nombrar especies con *nomina trivialia. Nomen triviale*, un nombre trivial, era un epíteto de una o dos palabras colocado en el margen de la página junto al nombre "científico" de muchas palabras. Las únicas reglas que Linneo les aplicaba eran que los nombres triviales debían ser cortos, únicos dentro de un género determinado, y que no debían cambiarse. Linnaeus aplicó sistemáticamente los *nomina trivialia* a las especies de plantas de *Species Plantarum* (1ª ed. 1753) y a las especies de animales de la 10ª edición de *Systema Naturae* (1758).

Al utilizar sistemáticamente estos epítetos específicos, Linneo separó la nomenclatura de la taxonomía. Aunque el uso paralelo de *nomina trivialia* y de nombres descriptivos de muchas palabras continuó hasta finales del siglo XVIII, fue sustituido gradualmente por la práctica de utilizar nombres propios más cortos que combinaban el nombre genérico y el nombre trivial de la especie. En el siglo XIX, esta nueva práctica se codificó en las primeras Reglas y Leyes de Nomenclatura, y se eligieron la 1ª edn. de *Species Plantarum* y la 10ª edn. de *Systema Naturae* como puntos de partida para la Nomenclatura Botánica y la Zoológica respectivamente. Esta convención para nombrar especies se denomina nomenclatura binomial.

Hoy en día, la nomenclatura está regulada por los Códigos de Nomenclatura, que permiten nombres divididos en rangos taxonómicos.

Rangos taxonómicos

Hay 8 rangos taxonómicos principales: dominio, reino, filo, clase, orden, familia, género, especie.

Hay rangos ligeramente diferentes para la zoología y la botánica.

Rangos taxonómicos								
Rango								
Dominio								
Reino								
Filo o división								
Subfiltro o subdivisión								
Clase								
Subclase								
Pedido								
Suborden								
Familia								
Subfamilia								
Género								

Evolutivo

Mientras que Linneo clasificó para facilitar la identificación, ahora se acepta en general que la clasificación debe reflejar el principio darwiniano de ascendencia común.

Desde el decenio de 1960 ha surgido una tendencia llamada taxonomía cladística (o cladística o cladismo), que organiza los taxones en un árbol evolutivo. Si un taxón incluye a todos los descendientes de alguna forma ancestral, se le llama monofilético, en contraposición al parafilético. Otros grupos se denominan polifiléticos.

Actualmente se está elaborando un nuevo código formal de nomenclatura, el PhyloCode, que pasará a denominarse "Código Internacional de Nomenclatura Filogenética" (ICPN), destinado a ocuparse de los clados, que no tienen rangos establecidos, a diferencia de la taxonomía convencional de Linneo. No está claro, en caso de que se aplique, cómo coexistirán los diferentes códigos.

Los dominios son una agrupación relativamente nueva. El sistema de tres dominios se inventó por primera vez en 1990, pero no se aceptó en general hasta más tarde. Ahora, la mayoría de los biólogos aceptan el sistema de dominios, pero una gran minoría utiliza el método de los cinco reinos. Una característica principal del método de tres dominios es la separación de las Arqueas y las Bacterias, anteriormente agrupadas en el reino único de las Bacterias (un reino también llamado a veces Monera). En consecuencia, los tres dominios de la vida se conceptualizan como Arcaea, Bacterias y Eukaryota (que comprende los eucariontes portadores núcleos). Una pequeña minoría de científicos añaden Archaea como sexto reino, pero no aceptan el método de los dominios.

Thomas Cavalier-Smith, que ha publicado extensamente sobre la clasificación de los protistas, ha propuesto recientemente que el Neomura, el clado que agrupa a los Arcaea y Eukarya, habría evolucionado a partir de las bacterias, más precisamente de las .

<table>
<tr><th>Linneo1735
reinos</th><th>Reinos de Haeckel1866</th><th>Chatton1937
2 imperios</th><th>Los reinos de Copeland 19564</th><th>Whittaker1969
reinos</th><th>Woese et al. 1977
6 reinos</th><th>Woese et al. 1990
dominios</th></tr>
<tr><td rowspan="3">(sin tratamiento)</td><td rowspan="3">Protista</td><td rowspan="2">Prokaryota</td><td rowspan="2">Monera</td><td rowspan="2">Monera</td><td>Eubacteria</td><td>Bacterias</td></tr>
<tr><td>Arquebacterias</td><td>Archaea</td></tr>
<tr><td rowspan="4">Eukaryota</td><td rowspan="2">Protista</td><td>Protista</td><td>Protista</td><td rowspan="4">Eukarya</td></tr>
<tr><td rowspan="2">Vegetabilia</td><td rowspan="2">Plantae</td><td>Hongos</td><td>Hongos</td></tr>
<tr><td>Plantae</td><td>Plantae</td><td>Plantae</td></tr>
<tr><td>Animalia</td><td>Animalia</td><td>Animalia</td><td>Animalia</td><td>Animalia</td></tr>
</table>

Autoridades (cita del autor)

El nombre de cualquier taxón puede ir seguido de la "autoridad" del nombre, es decir, el nombre del autor que publicó por primera vez una descripción válida del mismo. Estos nombres se abrevian con frecuencia: la abreviatura "L." es universalmente aceptada para Linneo, y en botánica existe una lista regulada de abreviaturas estándar (véase la lista de botánicos por abreviatura del autor). El sistema de asignación de autoridades es ligeramente diferente en las distintas ramas de la biología: véase la cita del autor (botánica) y la cita del autor (zoología). Sin embargo, es habitual que si se ha cambiado un nombre o una colocación desde la descripción original, se ponga entre paréntesis el nombre de la primera autoridad y se pueda colocar después la autoridad para el nuevo nombre o colocación (por lo general, sólo en botánica).

Identificadores Globales Únicos para los Nombres

Existe un movimiento dentro de la comunidad de informática de la biodiversidad para proporcionar identificadores únicos a nivel mundial en forma de identificadores de ciencias de la vida para todos los nombres biológicos. Esto permitiría a los autores citar nombres sin ambigüedades en los medios electrónicos y reducir el significado de los errores de ortografía de los nombres o la abreviatura de los nombres de autoridad. Tres grandes bases de datos de nomenclatura (denominadas nomenclátores) ya han comenzado este proceso, a saber, el Index Fungorum, el International Plant Names Index y el Zoo Bank. Otras bases de datos, que publican datos taxonómicos en lugar de nomenclaturales, también han comenzado a utilizar el LSID para identificar **taxones**. El ejemplo clave de esto es el Catálogo de la Vida. El siguiente paso en la integración será cuando estas bases de datos taxonómicas incluyan referencias a las bases de datos de nomenclatura utilizando LSIDs.

Plantas con flores y fuentes de información taxonómica

1- Morfología y Anatomía

Los caracteres morfológicos son el primer paso en la taxonomía del angiospermas, ya sea vegetativo o floral. Los caracteres florales son más útiles en las claves taxonómicas para su estabilidad, por lo que tenemos que confiar en ellos para construir una clave.

ORGANIZACIÓN ESTRUCTURAL EN LAS PLANTAS

La descripción de las diversas formas de vida en la tierra se hizo sólo por observación - a través de ojos desnudos o más tarde a través de lentes de aumento y microscopios. Esta descripción se refiere principalmente a las características estructurales groseras, tanto externas como internas. Además, los fenómenos vivos observables y perceptibles también se registraron como parte de esta descripción. Antes de que la biología experimental o, más específicamente, la fisiología, se estableciera como parte de la biología, los naturalistas sólo describían la biología. Por lo tanto, la biología permaneció como una historia natural durante mucho tiempo. La descripción, por sí misma, era sorprendente en términos de detalle. Si bien la reacción inicial de un estudiante podía ser el aburrimiento, hay que tener en cuenta que la descripción detallada se utilizó en la biología reduccionista de los últimos tiempos, en la que los procesos vivos atraían más la atención de los científicos que la descripción de las formas de vida y su estructura. Por lo tanto, esta descripción se hizo significativa y útil para enmarcar las preguntas de investigación en la fisiología o la biología evolutiva. En los siguientes capítulos de esta unidad se describe la organización estructural de plantas y animales, incluyendo la base estructural de los fenómenos fisiológicos o de comportamiento. Para mayor comodidad, esta descripción de los rasgos morfológicos y anatómicos se presenta por separado para plantas y animales.

Si sacas alguna hierba verás que todas tienen raíces, tallos y hojas. Pueden estar dando flores y frutos. La parte subterránea de la planta con flores es el sistema de raíces, mientras que la parte que está por encima del suelo forma el sistema de brotes.

LA RAÍZ

En la mayoría de las plantas dicotiledóneas, la elongación directa de la radícula conduce a la formación de la raíz primaria que crece dentro del suelo. Lleva raíces laterales de varios órdenes que se denominan raíces secundarias, terciarias, etc. Las raíces primarias y sus ramas constituyen el **sistema de raíces secundarias,** como se ve en la planta de mostaza. En las plantas monocotiledóneas, la raíz primaria tiene una vida corta y es reemplazada por un gran número de raíces. Estas raíces se originan en la base del tallo y constituyen el sistema de raíces **fibrosas, como se ve en la planta de trigo**. En algunas plantas, como la hierba, la Monstera y el baniano, las raíces surgen de partes de la planta distintas de la radícula y se denominan **raíces adventicias.** Las principales funciones del sistema radicular son la absorción del agua y los minerales del suelo, el anclaje adecuado de las partes de la planta, el almacenamiento de material alimentario de reserva y la síntesis de los reguladores del crecimiento de la planta.

REGIONES DE LA RAÍZ

La raíz está cubierta en el ápice por una estructura parecida a un dedal llamada tapa de la raíz. Protege el tierno ápice de la raíz mientras se abre paso a través del suelo. Unos pocos milímetros por encima de la capa de la raíz es **la región de actividad meristemática**. Las células de esta región son muy pequeñas, de paredes finas y con un denso protoplasma. Se dividen repetidamente. Las células próximas a esta región sufren una rápida elongación y ampliación y son responsables del crecimiento de la raíz en longitud. Esta región se llama la región de la elongación. Las células de la zona de elongación se diferencian y maduran gradualmente. Por lo tanto, esta zona, próxima a la región de elongación, se llama la región de maduración. Desde esta región algunas de las células epidérmicas forman estructuras muy finas y delicadas, parecidas a hilos, llamadas pelos de la raíz. Estos pelos de la raíz absorben el agua y los minerales del suelo.

5.1.2 MODIFICACIONES DE LA RAÍZ

Las raíces de algunas plantas cambian su forma y estructura y se modifican para realizar funciones distintas de la absorción y conducción de agua y minerales. Se modifican para el almacenamiento de apoyo de los alimentos y la respiración. Las raíces de zanahoria, nabo y raíces adventicias de camote, se hinchan y almacenan alimentos. ¿Puede dar más ejemplos de este tipo? ¿Alguna vez te has preguntado qué son esas estructuras colgantes que soportan un árbol de banano? Se llaman raíces de apoyo. De manera similar, los tallos de maíz y caña de azúcar tienen raíces de apoyo que salen de los nodos inferiores del tallo. Estas se llaman raíces de zancos. En algunas plantas como Rhizophora que crecen en zonas pantanosas, muchas raíces salen del suelo y crecen verticalmente hacia arriba. Tales raíces, llamadas **neumatóforos**, ayudan a obtener oxígeno para la respiración.

Modificación de la raíz de apoyo: Árbol de Banyan

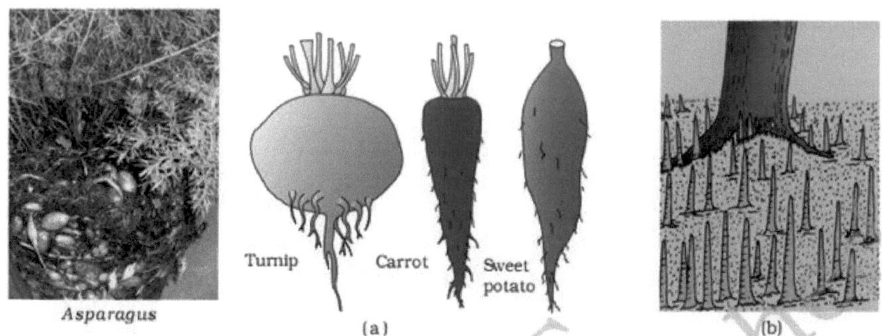

Modificación de la raíz para : a) almacenamiento b) respiración: neumatóforo en Rhizophora

EL TEMA

¿Cuáles son las características que distinguen un tallo de una raíz? El tallo es la parte ascendente del eje que contiene ramas, hojas, flores y frutos. Se desarrolla a partir de la plúmula del embrión de una semilla germinante. El tallo tiene nodos e internodos. Las regiones del tallo donde nacen las hojas se llaman nodos mientras que los internodos son las porciones entre dos nodos. El tallo lleva brotes, que pueden ser terminales o axilares. El tallo es generalmente verde cuando es joven y más tarde suele ser leñoso y de color marrón oscuro.

La función principal del tallo es extender las ramas que producen hojas, flores y frutos. Conduce agua, minerales y fotosíntesis. Algunos tallos cumplen la función de almacenamiento de alimentos, apoyo, protección y de propagación vegetativa.

MODIFICACIONES DEL TALLO

El tallo no siempre es típicamente como se espera que sea. Se modifican para realizar diferentes funciones (Figura 5.6). Los tallos subterráneos de patata, jengibre, cúrcuma, zaminkand, Colocasia se modifican para almacenar alimentos en ellos. También actúan como órganos de perennidad para sortear las condiciones desfavorables para el crecimiento. Los **zarcillos** del tallo que se desarrollan de las yemas axilares, son delgados y están enrollados en espiral y ayudan a las plantas a trepar como en las calabazas (pepino, calabazas, sandía) y las vides. Los brotes axilares de los tallos también pueden modificarse en espinas leñosas, rectas y puntiagudas. Las espinas se encuentran en muchas plantas como los cítricos, la buganvilla. Protegen a las plantas de los animales curiosos. Algunas plantas de regiones áridas modifican sus tallos en estructuras cilíndricas aplanadas (***Opuntia***), o carnosas (***Euphorbia***). Contienen clorofila y realizan la fotosíntesis. Los tallos subterráneos de algunas plantas como la hierba y la fresa, etc., se extienden a nuevos nichos y cuando las partes más viejas mueren se forman nuevas plantas. En plantas como la menta y el jazmín una delgada rama lateral surge de la base del eje principal y después de crecer aéreamente durante algún tiempo se arquea hacia abajo para tocar el suelo. Una rama lateral con internodos cortos y cada nodo con una roseta de hojas y un mechón de raíces se encuentra en plantas acuáticas como Pistia y *Eichhornia*. En el plátano, la piña y *el crisantemo*, las ramas laterales se originan en la parte basal y subterránea del tallo principal, crecen horizontalmente bajo el suelo y luego salen oblicuamente hacia arriba dando lugar a brotes frondosos.

LA HOJA

La hoja es una estructura lateral, generalmente aplanada, que se apoya en el tallo. Se desarrolla en el nudo y lleva un brote en su axila. El brote **axilar** se desarrolla más tarde en una rama. Las hojas se originan en los meristemas apicales de los brotes y están dispuestas en un orden acropetal. Son los órganos vegetativos más importantes para la fotosíntesis.

Una hoja típica consta de tres partes principales: base de la hoja, peciolo y lámina (figura 5.7 a). La hoja está unida al tallo por la base de la hoja y puede tener dos pequeñas estructuras laterales similares a una hoja, llamadas estípulas. En los monocotiledóneas, la base de la hoja se expande en una vaina que cubre el tallo parcial o totalmente. En algunas leguminosas la base de la hoja puede hincharse, lo que se denomina **pulvinus**. El peciolo ayuda a mantener la hoja a la luz. Los largos y delgados peciolos flexibles permiten que las hojas aleteen con el viento, enfriando así la hoja y trayendo aire fresco a la superficie de la hoja. La lámina o el limbo de la hoja es la parte verde expandida de la hoja con venas y venillas. Hay, generalmente, una vena prominente media, que se conoce como la nervadura media. Las venas proporcionan rigidez a la hoja y actúan como canales de transporte de agua, minerales y materiales alimenticios. La forma, el margen, el ápice, la superficie y la extensión de la incisión de la lámina varían en las diferentes hojas.

VENACIÓN

La disposición de las venas y las venas en la lámina de la hoja se denomina venación. Cuando las venas forman una red, la venación se denomina reticulada. Cuando las venas corren paralelas entre sí dentro de una lámina, la venación se denomina paralela. Las hojas de las plantas dicotiledóneas generalmente poseen una venación reticulada, mientras que la venación paralela es la característica de la mayoría de las monocotiledóneas.

TIPOS DE HOJAS

Se dice que una hoja es simple, cuando su lámina está entera o cuando se incide, las incisiones no tocan el nervio central. Cuando las incisiones de la lámina llegan hasta la nervadura central rompiéndola en un número de foliolos, la hoja se llama compuesta. Un brote está presente en la axila del pecíolo tanto en las hojas simples como en las compuestas, pero no en la axila de los foliolos de la hoja compuesta.

Las hojas compuestas pueden ser de dos tipos. En una hoja compuesta **pinnada** están presentes varios foliolos en un eje común, el raquis, que representa el nervio central de la hoja como en el neem.

En **las hojas compuestas de palmera**, los foliolos están unidos en un punto común, es decir, en la punta del peciolo, como en el algodón de seda.

FILOTECA

La filotaxia es el patrón de disposición de las hojas en el tallo o la rama. Suele ser de tres tipos: alternas, opuestas y en espiral. En el tipo alternativo de filotaxia, una sola hoja surge en cada nodo de manera alternada, como en las plantas de rosa china, mostaza y flor de sol. En el tipo opuesto, un par de hojas surgen en cada nodo y se encuentran opuestas entre sí como en las plantas de Calotropis y guayaba. Si más de dos hojas surgen en un nodo y forman un verticilo, se llama verticilo, como en Alstonia.

MODIFICACIONES DE LAS HOJAS

Las hojas se modifican a menudo para realizar otras funciones aparte de la fotosíntesis. Se convierten en zarcillos para trepar como en los guisantes o en espinas para la defensa como en los cactus. Las carnosas hojas de la cebolla y el ajo almacenan alimentos. En algunas plantas como la acacia australiana, las hojas son pequeñas y de corta vida. Los peciolos de estas plantas se expanden, se vuelven verdes y sintetizan alimentos. Las hojas de ciertas plantas insectívoras como la planta jarro, la trampa para moscas de venus también son hojas modificadas.

Flor

Las plantas con flor se caracterizan por una mayor protección, mientras que los helechos (gametofitos de vida libre, en su mayoría) y los gimnastas (óvulos expuestos) muestran diversos niveles de exposición. Dado que la posición relativa de los cuatro verticilos florales -con el gineceo como elemento superior-es una característica fundamental de la flor, un cambio o desviación de este patrón básico es inusual y significativo. Así pues, la posición del ovario es una característica clave básica que se encuentra a menudo en los pareados iniciales de las claves de las familias de plantas con flor.

<u>Términos que denotan la posición de los ovarios en relación con el androperianto:</u>

<u>**Hipogineo**</u> - la configuración básica - gineceo el elemento más alto de la flor y subordinado por el androperián, es decir, el cáliz, la corola y el cáliz parecen estar unidos al receptáculo BENEATH (hipo) el gineceo y el ovario es superior al androperián. Mientras que la connación puede estar involucrada, no es evidente la adnación. Esta es la condición "primitiva" y más común.

Periginoso - el androperianto parece estar adherido ALREDEDOR del gineceo, en lugar de debajo. Esto se debe a la presencia de una "copa floral" o hipanto que emerge del receptáculo en la base del ovario como una sola unidad y, a lo largo de su margen, las partes del androperatorio. Si bien el hipanthium puede representar una extensión del receptáculo u otras modificaciones estructurales, suele ser el producto de la adnación basal o de la fusión entre los verticilos del androperianto. El ovario permanece en una posición superior en relación con el punto final de unión del androperiantio. Sin embargo, el hipantonio libre se mantiene como una característica clave significativa y también como un "indicador" estructural del siguiente paso en la especialización floral a través de la adnación, el ovario inferior. (Gentianaceae: Sabatia campestris - foto-top, foto-lado)

Epiginio - las partes androperianas parecen estar emergiendo de una posición por encima del gineceo, es decir, hay una expansión entre el pedicelo y el cáliz y la disección de esta área expandida revela óvulos (en la antesis o apertura de la flor) o semillas (en la madurez). El ovario es estructuralmente inferior al punto de unión de las partes del androperatorio.

Tipos de flores - Reducción/expresión sexual

Una vez más, la pauta estructural arcaica y fundamental de la estructura básica de reproducción del angiospermas - la flor - es el conjunto completo de cuatro verticilos florales, los dos superiores (gineceo, androeceo) con la función reproductiva primaria y los dos inferiores (corola, cáliz) con otras funciones, a menudo de apoyo. El término **"incompleto" se refiere a la ausencia de uno o más de estos verticilos florales.** Los siguientes términos se refieren a este tipo de variación:

Perianto uniserado - sólo un perianto de un solo verticilo, normalmente el cáliz que, cuando está solo, puede tomar una forma de "petaloide" o pétalo.

Perfecto - ambos verticilos reproductivos presentes con la flor

Imperfecto - falta uno de los dos verticilos reproductivos, con la flor unisexual en términos de función reproductiva

Estaminación - falta de gineceo (ortiga de toro - foto)

Pistilo - falta de androecio (ortiga de toro - foto)

Monoico - aplicado a los taxones (no a las flores) que presentan producción de flores tanto de estamato como de pistilado en plantas individuales. Las flores son imperfectas pero, en términos de función sexual, la planta individual es bisexual. (Maíz indio [Zea mays] - foto) y Pepino [Cucumis sativus] - estaminado/pistilo)

Diósico - aplicado - de nuevo a los taxones - que comprenden poblaciones de plantas que sólo producen flores estaminadas o pistiladas en un individuo determinado. En este caso, las plantas individuales son unisexuales en cuanto a su expresión y, como resultado, las poblaciones de taxones dioicos incluyen tanto individuos "masculinos" como "femeninos".

Tipos de flores - Simetría

Las flores arcaicas, parecidas a un brote, son, como cualquier brote, simétricas radialmente cuando se ven desde arriba. Los apéndices florales, dispuestos en espiral a lo largo del eje floral, forman un contorno - en la vista de "cara" - que puede ser cortado a lo largo de cualquier eje para formar dos imágenes de espejo. Una flor que muestra esta simetría radial se conoce como actinomorfa o 'regular'.

Actinomorfo

La especialización floral ha incluido el cambio estructural adaptativo para acomodar vectores de polen específicos. Esto se manifiesta a veces por una desviación de la expresión "primitiva" de la simetría radial para producir plataformas de aterrizaje y otros "ajustes" estructurales para el vector del polen. Las flores que carecen de simetría radial, en vista "de cara", se conocen como **zigomórficas o "irregulares"**. Normalmente muestran simetría bilateral, es decir, se pueden producir imágenes espejo a partir de un corte a lo largo de un solo eje.

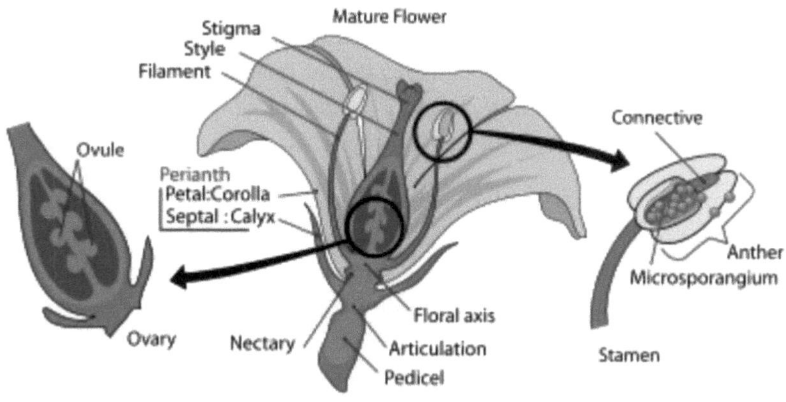

El Perianth

La simetría general de la flor, actinomorfa vs. zigomorfa, está definida por el perianto con los verticilos reproductivos que se ajustan al patrón. El tipo primitivo o arcaico de flor, con numerosas partes de periantio separadas, se describe a menudo con los términos polipetálico o polisepipálico, mientras que la connación (y a menudo la reducción del número de partes) se denota con el prefijo "syn-" (unido); sinsepático y simpetálico ("m" debe preceder a una "p"). Mientras que el perianto puede carecer de la corola (apetal), gran parte de la terminología asociada con el perianto se refiere a las formas de las corolas simpáticas.

La corola simpática puede considerarse como dos elementos funcionales, una zona de fusión basal (tubo) y una porción terminal, acampanada o expandida (miembro) que a menudo produce lóbulos de la corola que corresponden al número de pétalos connate. Los términos generales de "forma" incluyen:

El Androecio

La unidad básica del androecio, el estambre, representa una hoja reproductiva especializada o microsporofila. La especialización ha progresado hacia la reducción, lo que ha dado lugar a una composición relativamente simple de tallo (filamento), esporangios (antera) y tejido que se encuentra entre las células o los lóculos de la antera, el conectivo.

La antera de un estambre típico está unida en su base al filamento (basificada) y la dehiscencia (apertura para liberar el polen) está a lo largo de su longitud (dehiscencia longitudinal). Sin embargo, la unión al filamento puede estar en el centro de la antera (versátil) y la liberación de polen puede ser a través de los poros (dehiscencia poricida).

Los estambres pueden estar unidos con todos los filamentos fusionados para formar una estructura única y compuesta (monadelfo) o la unión parcial de los filamentos para formar dos estructuras androeciales (diadelfo). La connación también puede limitarse a las anteras (sinántropos), característica que es común en la familia de los dicotiledóneas más grandes. Los estambres también pueden estar adosados a la corola (epipétalos) y estar presentes en dos pares de filamentos de longitudes diferentes (didinámicos) o como un conjunto de seis con dos más cortos (tetradinámicos) y o bien se extienden más allá de la corola (ejercidos) o no sobresalen de la corola (incluidos). Los estambres tienen cuatro lóculos con cientos de gametos masculinos llamados granos de polen.

GRANOS DE POLEN

El polen es el pequeño cuerpo reproductivo masculino producido en los sacos de polen de las plantas de semillas (gimnospermas y angiospermas).

Al madurar en el saco de polen, un grano de polen puede alcanzar 0,00007 mg como en el abeto, o menos de 1/20 de este peso. Un grano suele tener dos paredes exteriores cerosas y duraderas, la exina, y una pared interior frágil, la espina. Estas paredes rodean el contenido con sus núcleos y reservas de almidón y aceite.

Los granos de polen se clasifican generalmente de acuerdo a su apariencia física. Hay tres criterios de clasificación: 1) el número y la posición de las aberturas; 2) la forma del grano de polen en su conjunto; y 3) la fina estructura elaborada en el sexino. Las aberturas son las partes faltantes de la exina, que son independientes del patrón de la exina. Las aberturas son grandes y cortan el patrón de estructura fina en la superficie del grano de polen. Hay dos tipos de aberturas: los *poros* o poros son en su mayoría aberturas isodiamétricas, aunque pueden ser ligeramente alargados con extremos redondeados; los *colpi* o surcos son largos y en forma de barco con extremos puntiagudos. Se cree que los colpi son más primitivos. En los granos de polen vivo estas aperturas no están realmente abiertas. En su lugar, una capa muy fina de exina las cubre. Los granos con poros se llaman *poratos*, los que tienen colpios se llaman *colpatos* y los que tienen tanto poros como colpios se llaman *colporatos*. Si sus aperturas están dispuestas equidistantemente alrededor del ecuador de los granos de polen se les asigna el prefijo *zono-*, si están dispersos por toda la superficie del grano de polen se les asigna el prefijo *panto*. El número de aperturas también se indica con prefijos: *mono-* para una apertura; *di-* para dos aperturas; *tri- para* tres aperturas; y así sucesivamente.

La forma y las aperturas del polen

La forma de un grano de polen se refiere a la forma de su contorno en vistas polares y ecuatoriales. La forma de un grano a veces puede ser útil para identificar las especies de polen, pero no suele serlo.

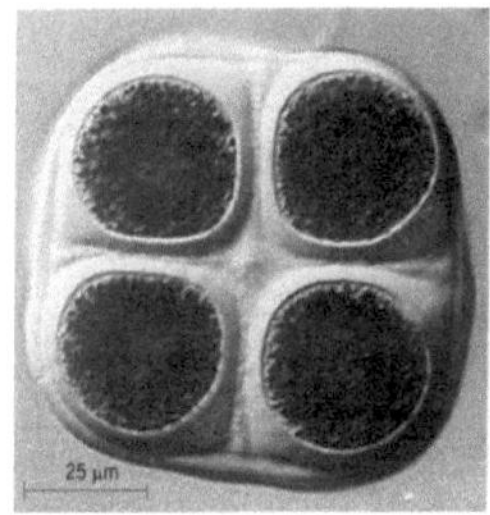

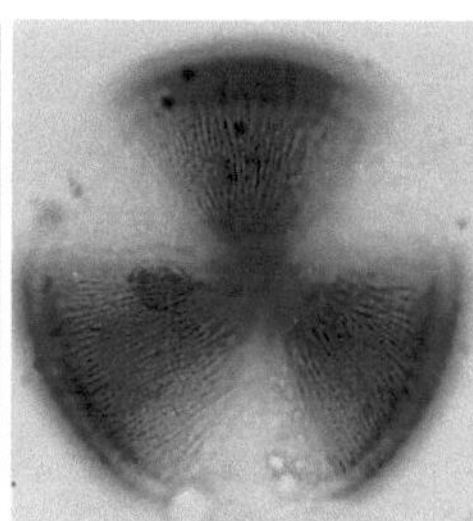
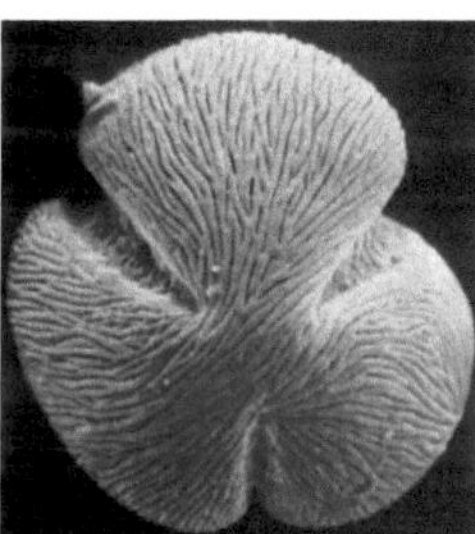

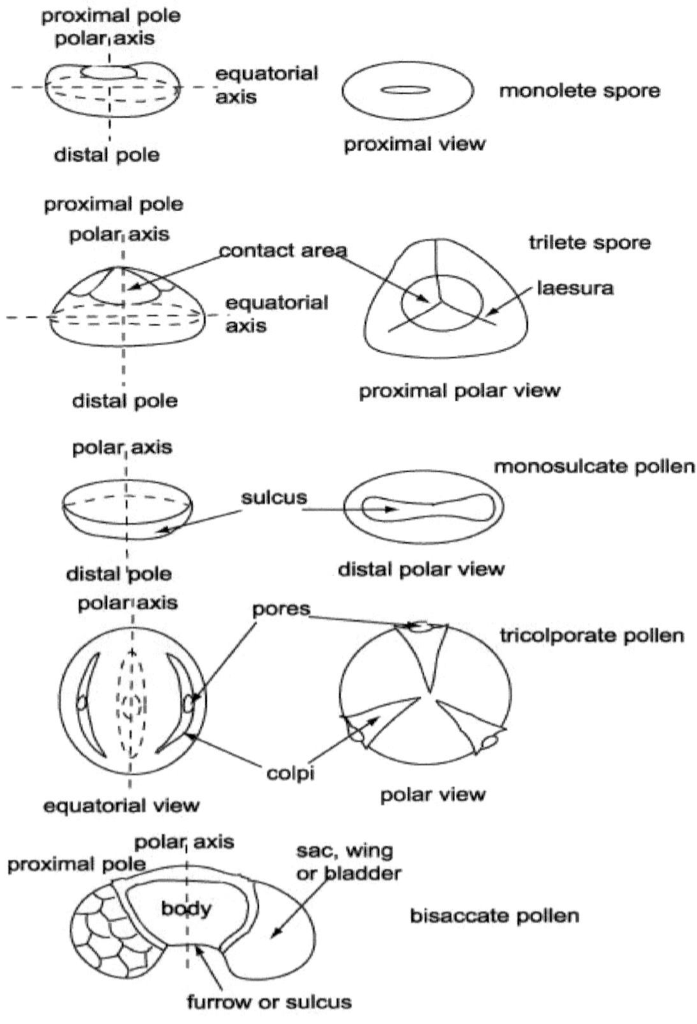

Spore and pollen terminology

Redrawn from Playford and Dettmann 1996.

Muro de polen

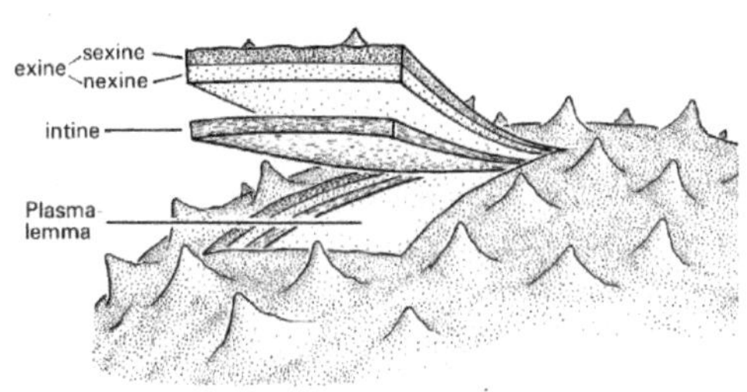

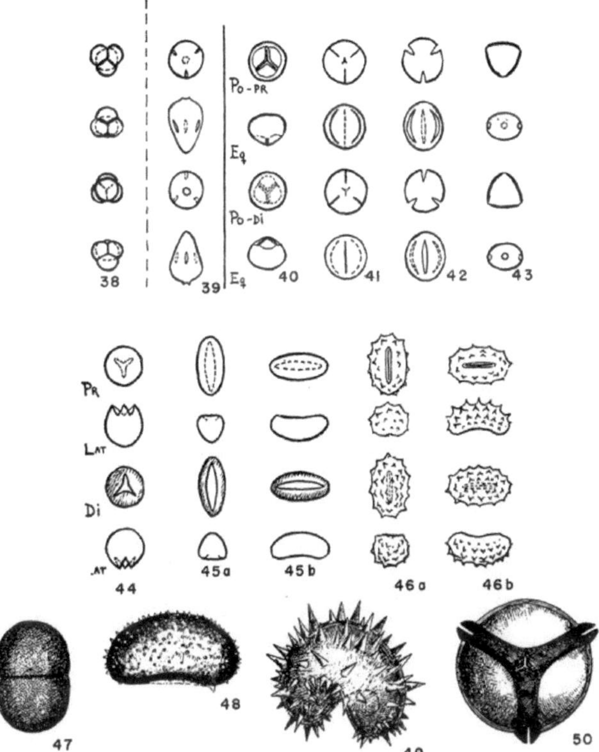

<u>Ornamentación de polen (Escultura de polen)</u>

La escultura se refiere a la fina estructura y el patrón de la sexta. Está compuesta por pequeñas barras dirigidas radialmente. Si estas barras soportan algo (como una placa o un pequeño pomo) se llaman *columnas*; si no soportan nada se llaman *bacula*. La forma de las varillas puede clasificarlas aún más. Si tienen forma de palo se llaman *clavas*; si son muy puntiagudas se llaman *equinas*; si tienen la *cabeza hinchada se llaman pilas*; y si son cortas y globulares se llaman *gemelas*. Hay muchas más clasificaciones para la forma de las varas en la superficie de la sexta, pero estas cuatro son las más comunes.

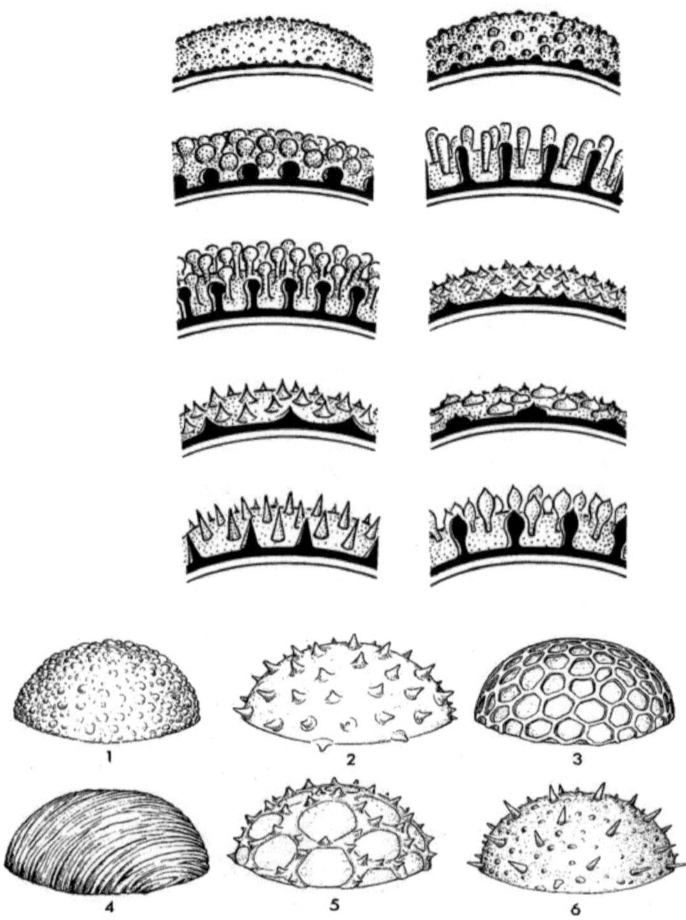

Gynaecium

Es el órgano central y más protector de la flor, es el órgano sexual femenino. Consiste en uno o varios **carpelos**. Cada carpelo consiste en el ovario**, el estilo y el estigma**. Los carpelos son o bien **apocarposos** libres o bien unidos y llamados **sincarpos. La** ginecología sincarposa tiene o bien ovarios unidos sólo y estilos y estigmas libres o bien ovarios unidos y estilos y estigmas libres o las tres partes unidas.

El ovario contiene los óvulos en diferentes posiciones de placentación, éstos surgen del centro en ovarios septados y se llama **placentación de Axile**, o de las paredes de los carpelos y se llama placentación de **Pareital.** A veces los ovarios se unen completamente y no hay septos presentes en su interior y los óvulos surgen de una columna en el centro que conecta el receptáculo por el estilo y en este caso la placentación se describe como **Central**, si esta columna termina antes del estilo será central **libre.** La placenta puede estar presente cerca del receptáculo y se llama **basal** o cerca del estilo y se llama **apical**. En las legumbres, la ginecología consiste en un solo carpelo y los óvulos dispuestos en una fila recta a lo largo de la línea de fusión y en este caso se llama placentación marginal.

Posición del ovario

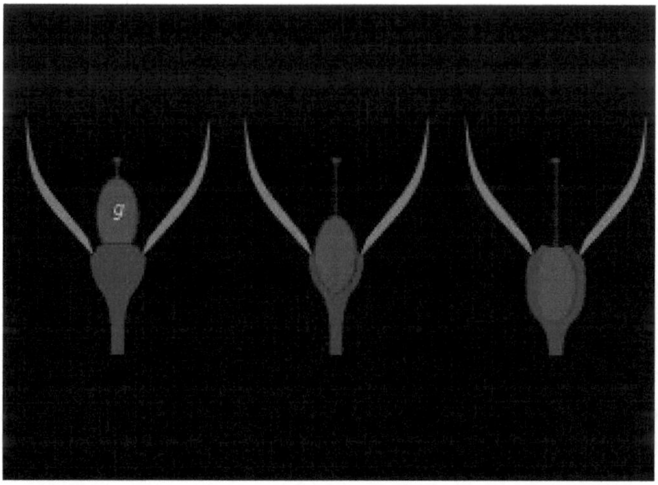

El papel de la flor

1-Las flores producen **gametos** (células sexuales).

Las 2-Flores juegan un papel clave en la **polinización.** La polinización es la transferencia de polen (que contiene los gametos masculinos), desde la antera de una flor, al estigma (superficie receptiva de la parte femenina de la flor) de la misma o de otra flor.

3- Los granos de polen son considerados como el principal alimento de las abejas y también del hombre.

4. Las semillas tienen un uso económico importante.

Tipos de flores

- Imperfecta

Una flor que tiene todas las partes masculinas o todas las partes femeninas o ambas pero que carece de uno de los verticilos no esenciales de la flor (cáliz o corola).

- Perfecto

Una flor que tiene tanto las partes masculinas como las femeninas y tanto el cáliz como la corola.

- Nacked

Una flor que tiene partes masculinas o femeninas o incluso ambas, pero no tiene el cáliz y la corola.

Los Gametofitos

El gametofito masculino se desarrolla dentro del grano de polen. La gametofita femenina se desarrolla dentro del óvulo. En las plantas con flores, las fases gametofitas se reducen a unas pocas células que dependen para su nutrición de la fase esporofita. Este es el reverso del patrón que se observa en los grupos de plantas no vasculares: hepáticas, musgos y hornabeques (la briofita).

Los gametofitos masculinos del angiospermas tienen dos núcleos haploides (el núcleo del germen y el núcleo del tubo) contenidos dentro de la exina del grano de polen (o microespora).

Los gametofitos femeninos de las plantas con flores se desarrollan dentro del óvulo (megaespora) contenido en un ovario en la base del pistilo de la flor. Normalmente hay ocho células (haploides) en la gametofita femenina: a) un óvulo, dos sinérgicos que flanquean el óvulo (situados en el extremo de la micropila del saco embrionario); b) dos núcleos polares en el centro del saco embrionario; y tres células antipodales (en el extremo opuesto del saco embrionario del óvulo).

LA INFLORESCENCIA

Una flor es un brote modificado en el que el meristemo apical del brote cambia a un meristemo floral. Los internodos no se alargan y el eje se condensa. El ápice produce diferentes tipos de apéndices florales lateralmente en nodos sucesivos en lugar de hojas. Cuando la punta de un brote se transforma en una flor, es siempre solitaria. La disposición de las flores en el eje floral se denomina **inflorescencia.** Dependiendo de si el ápice se convierte en una flor o sigue creciendo, se definen dos tipos principales de inflorescencias - racemose y cymose. En las inflorescencias de tipo racimoso el eje principal sigue creciendo, las flores nacen lateralmente en una sucesión acropetal.

En el tipo de inflorescencia cimosa el eje principal termina en una flor, por lo que su crecimiento es limitado. **Las flores nacen en un orden basíptico.**

Filogenética molecular

La filogenética molecular, también conocida como sistemática **molecular**, es el uso de la estructura de las moléculas para obtener información sobre las relaciones evolutivas de un organismo. El resultado de un análisis molecular se expresa en un árbol filogenético.

Técnicas y aplicaciones

Todo organismo vivo contiene ADN, ARN y proteínas. Los organismos estrechamente relacionados suelen tener un alto grado de concordancia en la estructura molecular de estas sustancias, mientras que las moléculas de los organismos distantes suelen mostrar un patrón de disimilitud. La filogenia molecular utiliza esos datos para construir un "árbol de relaciones" que muestra la probable evolución de diversos organismos. Sin embargo, hasta los últimos decenios no ha sido posible aislar e identificar estas estructuras moleculares.

El enfoque más común es la comparación de secuencias para los genes utilizando técnicas de alineación de secuencias para identificar la similitud. Otra aplicación de la filogenia molecular es el código de barras del ADN, en el que la especie de un organismo individual se identifica utilizando pequeñas secciones de ADN mitocondrial. Otra aplicación de las técnicas que lo hacen posible puede verse en el muy limitado campo de la genética humana, como el uso cada vez más popular de las pruebas genéticas para determinar la paternidad de un niño, así como el surgimiento de una nueva rama de la ciencia forense criminal centrada en las pruebas conocidas como huellas genéticas.

El efecto sobre los esquemas tradicionales de clasificación biológica en las ciencias biológicas también ha sido dramático. El trabajo que antes era inmensamente intensivo en mano de obra y materiales puede ahora hacerse rápida y fácilmente, lo que lleva a que otra fuente de información esté disponible para la evaluación sistemática y taxonómica. Este tipo particular de datos se ha hecho tan popular que se pueden encontrar esquemas taxonómicos basados únicamente en datos moleculares.

Antecedentes teóricos

Los primeros intentos de sistemática molecular también se denominaron quimiotaxonomía y utilizaron proteínas, enzimas, carbohidratos y otras moléculas que se separaron y caracterizaron mediante técnicas como la cromatografía. Éstas han sido sustituidas en gran medida en los últimos tiempos por la secuenciación del ADN que produce las secuencias exactas de nucleótidos o *bases* en segmentos de ADN o ARN extraídos mediante diferentes técnicas. Éstas se consideran generalmente superiores para los estudios evolutivos, ya que las acciones de la evolución se reflejan en última instancia en las secuencias genéticas. En la actualidad sigue siendo un proceso largo y costoso secuenciar todo el ADN de un organismo (su genoma), y esto se ha hecho sólo para unas pocas especies. Sin embargo, es bastante factible determinar la secuencia de un área definida de un cromosoma en particular. Los análisis sistemáticos moleculares típicos requieren la secuenciación de alrededor de 1000 pares de bases. En cualquier lugar dentro de dicha secuencia, las bases que se encuentran en una posición determinada pueden variar entre los organismos. La secuencia particular encontrada en un organismo dado se denomina su haplotipo. En principio, ya que hay cuatro tipos de bases, con 1000 pares de bases, podríamos tener $^{41000 \text{ haplotipos}}$ distintos. Sin embargo, en el caso de los organismos de una especie particular o de un grupo de especies afines, se ha comprobado empíricamente que sólo una minoría de los sitios muestran alguna variación y la mayoría de las variaciones que se encuentran están correlacionadas, de modo que el número de haplotipos distintos que se encuentran es relativamente pequeño.

En un análisis sistemático molecular, los haplotipos se determinan para una zona definida de material genético; lo ideal es utilizar una muestra sustancial de individuos de la especie objetivo u otro taxón, aunque muchos estudios actuales se basan en individuos individuales. También se determinan haplotipos de individuos de taxones estrechamente relacionados, pero supuestamente diferentes. Por último, se determinan haplotipos de un número más reducido de individuos de un taxón definitivamente diferente: estos se denominan *grupo exterior*. A continuación se comparan las secuencias base de los haplotipos. En el caso más sencillo, la diferencia entre dos haplotipos se evalúa contando el número de lugares donde tienen bases diferentes: esto se denomina número de *sustituciones* (también pueden darse otros tipos de diferencias entre los haplotipos, por ejemplo, la *inserción* de una sección de ácido nucleico en un haplotipo que no está presente en otro). Por lo general, la diferencia entre organismos se vuelve a expresar como *divergencia porcentual*, dividiendo el número de sustituciones por el número de pares de bases analizados: se espera que esta medida sea independiente de la ubicación y la longitud de la sección de ADN que se secuencie.

Un enfoque más antiguo y superado era determinar las divergencias entre los genotipos de los individuos mediante la hibridación ADN-ADN. La ventaja que se alegaba para utilizar la hibridación en lugar de la secuenciación de genes era que se basaba en el genotipo completo, en lugar de en secciones particulares de ADN. Las modernas técnicas de comparación de secuencias superan esta objeción mediante el uso de secuencias múltiples.

Una vez determinadas las divergencias entre todos los pares de muestras, la matriz triangular de diferencias resultante se somete a alguna forma de análisis estadístico de conglomerados, y el dendrograma resultante se examina para ver si las muestras se agrupan de la manera que se esperaría de las ideas actuales sobre la taxonomía del grupo, o no. Puede decirse que cualquier grupo de haplotipos que se asemeje más entre sí que cualquiera de ellos a cualquier otro haplotipo constituye un clado. Las técnicas estadísticas como el bootstrapping y el jackknifing ayudan a proporcionar estimaciones fiables de las posiciones de los haplotipos dentro de los árboles evolutivos.

Características y supuestos de la sistemática molecular

Este ejemplo ilustra varias características de la sistemática molecular y sus supuestos subyacentes.

1. La sistemática molecular es un enfoque esencialmente cladístico: supone que la clasificación debe corresponder a la descendencia filogenética, y que todos los taxones válidos deben ser monofiléticos.

2. La sistemática molecular utiliza a menudo el supuesto del reloj molecular de que la similitud cuantitativa del genotipo es una medida

suficiente de la reciente divergencia genética. Particularmente en relación con la especiación, esta suposición podría ser errónea si

1. alguna modificación genotípica relativamente pequeña actuó para impedir el cruce entre dos grupos de organismos, o

2. en diferentes subgrupos de los organismos considerados, la modificación genética procedió a ritmos diferentes.

3. En los animales, a menudo es conveniente utilizar el ADN mitocondrial para el análisis sistemático molecular. Sin embargo, como en los mamíferos las mitocondrias se heredan sólo de la madre, esto no es plenamente satisfactorio, porque la herencia en la línea paterna podría no detectarse: en el ejemplo anterior, Vilà y otros citan estudios más limitados con ADN cromosómico que apoyan sus conclusiones.

Estas características y suposiciones no son totalmente incontrovertibles entre los sistemáticos biológicos. Como método cladístico, la sistemática molecular está abierta a las mismas críticas que la cladística en general. También se puede argumentar que es un error sustituir una clasificación basada en características visibles y ecológicamente relevantes por otra basada en detalles genéticos que pueden ni siquiera expresarse en el fenotipo. Sin embargo, el enfoque molecular de la sistemática, y sus supuestos subyacentes, están ganando cada vez más aceptación. A medida que la secuenciación de genes se hace más fácil y barata, la sistemática molecular se está aplicando a cada vez más grupos, y en algunos casos está dando lugar a revisiones radicales de las taxonomías aceptadas.

Historia de la filogenética molecular

La sistemática molecular fue iniciada por Charles G. Sibley (aves), Herbert C. Dessauer (herpetología) y Morris Goodman (primates), seguidos por Allan C. Wilson, Robert K. Selander y John C. Avise (que estudió varios grupos). El trabajo con la electroforesis de proteínas comenzó alrededor de 1956. Aunque los resultados no eran cuantitativos y no mejoraron inicialmente la clasificación morfológica, proporcionaron indicios tentadores de que las antiguas nociones de las clasificaciones de las aves, por ejemplo, necesitaban una revisión sustancial. En el período 1974-1986, la hibridación ADN-ADN fue la técnica dominante.

Relación con otras ciencias biológicas

Los investigadores en biología molecular utilizan técnicas específicas propias de la biología molecular, pero las combinan cada vez más con técnicas e ideas de la genética y la bioquímica. No hay una línea definida entre estas disciplinas. La figura anterior es un esquema que muestra una posible visión de la relación entre los campos:

- La "bioquímica" es el estudio de las sustancias químicas y los procesos vitales que ocurren en los organismos vivos. Los bioquímicos se centran mucho en el papel, la función y la estructura de las biomoléculas. El estudio de la química que hay detrás de los procesos biológicos y la síntesis de las moléculas biológicamente activas son ejemplos de bioquímica.

- "Genética" es el estudio del efecto de las diferencias genéticas en los organismos. A menudo esto se puede deducir por la ausencia de un componente normal (por ejemplo, un gen). El estudio de los "mutantes" - organismos que carecen de uno o más componentes funcionales con respecto al llamado "tipo salvaje" o fenotipo normal. Las interacciones genéticas (epistasis) a menudo pueden confundir las interpretaciones simples de esos estudios "knock-out".

- La "Biología molecular" es el estudio de los fundamentos moleculares del proceso de replicación, transcripción y traducción del material genético. El dogma central de la biología molecular en el que el material genético se transcribe en ARN y luego se traduce a proteína, a pesar de ser un cuadro demasiado simplificado de la biología molecular, sigue siendo un buen punto de partida para comprender el campo. Sin embargo, este cuadro se está revisando a la luz de las nuevas funciones que se están desarrollando para el ARN.

Gran parte de la labor en biología molecular es cuantitativa, y recientemente se ha trabajado mucho en la interfaz de la biología molecular y la informática en la bioinformática y la biología computacional. A principios del decenio de 2000, el estudio de la estructura y la función de los genes, la genética molecular, ha sido uno de los subcampos más destacados de la biología molecular.

Cada vez más otros bucles de la biología se centran en las moléculas, ya sea estudiando directamente sus interacciones por derecho propio, como en la biología celular y la biología del desarrollo, o indirectamente, cuando las técnicas de la biología molecular se utilizan para inferir los atributos históricos de las poblaciones o especies, como en los campos de la biología evolutiva, como la genética de poblaciones y la filogenética. También existe una larga tradición de estudio de las biomoléculas "desde la base" en biofísica.

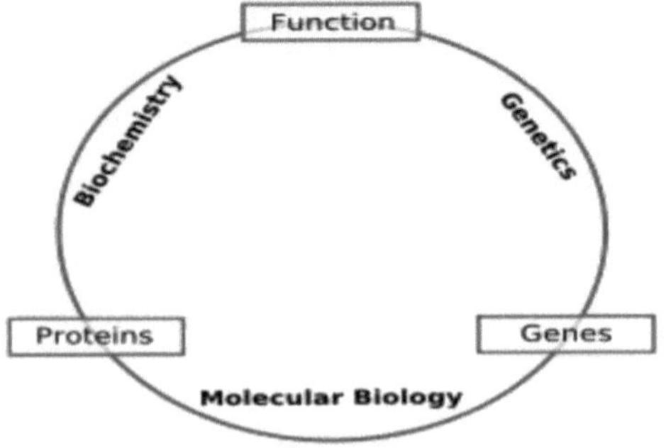

Relación esquemática entre la bioquímica, la genética y la biología molecular

Los investigadores en biología molecular utilizan técnicas específicas propias de la biología molecular pero las combinan cada vez más con técnicas e ideas de la genética y la bioquímica. No hay una línea definida entre estas disciplinas. La figura anterior es un esquema que muestra una posible visión de la relación entre los campos:

- *La bioquímica* es el estudio de las sustancias químicas y los procesos vitales que ocurren en los organismos vivos. Los bioquímicos se centran mucho en el papel, la función y la estructura de las moléculas biológicas. El estudio de la química que subyace a los procesos biológicos y la síntesis de las moléculas biológicamente activas son ejemplos de bioquímica.

- *La genética* es el estudio del efecto de las diferencias genéticas en los organismos. A menudo se puede deducir por la ausencia de un componente normal (por ejemplo, un gen). El estudio de los "mutantes" - organismos que carecen de uno o más componentes funcionales con respecto al llamado "tipo salvaje" o fenotipo normal. Las interacciones genéticas (epistasis) a menudo pueden confundir las interpretaciones simples de esos estudios "knock-out".

- *La biología molecular* es el estudio de los fundamentos moleculares de los procesos de ofplicación, transcripción, traducción y función celular. El dogma central de la biología molecular, en el que el material genético se transcribe en ARN y luego se traduce a proteína, a pesar de ser un cuadro excesivamente simplificado de la biología molecular, sigue siendo un buen punto de partida para comprender el campo. Sin embargo, este cuadro se está revisando a la luz de las nuevas funciones emergentes del ARN.

Gran parte de la labor en biología molecular es cuantitativa, y recientemente se ha trabajado mucho en la interfaz de la biología molecular y la informática en la bioinformática y la biología computacional. A principios del decenio de 2000, el estudio de la estructura y la función de los genes, la genética molecular, ha sido uno de los subcampos más destacados de la biología molecular.

Cada vez más otros bucles de la biología se centran en las moléculas, ya sea estudiando directamente sus interacciones por derecho propio, como en la biología celular y la biología del desarrollo, o indirectamente, cuando las técnicas de la biología molecular se utilizan para inferir los atributos históricos de las poblaciones o especies, como en los campos de la biología evolutiva, como la genética de poblaciones y la filogenética. También existe una larga tradición de estudio de las biomoléculas "desde la base" en biofísica.

Técnicas de biología molecular

Desde finales del decenio de 1950 y principios del de 1960, los biólogos moleculares han aprendido a caracterizar, aislar y manipular los componentes moleculares de las células y los organismos. Estos componentes incluyen el ADN, depositario de la información genética; el ARN, un pariente cercano del ADN cuyas funciones van desde servir como copia de trabajo temporal del ADN hasta funciones estructurales y enzimáticas reales, así como una parte funcional y estructural del aparato de traslación; y las proteínas, el principal tipo de molécula estructural y enzimática de las células.

Técnicas de ácido nucleico

Tecnología de chips y matrices de ADN, incluyendo la cuantificación del ARN y el ADN usando microfluidos.

RT cuantitativa PCR

Introducción a la bioinformática y la genómica

PCR de transcriptasa inversa (RT-PCR)

Detección de ECL de ácidos nucleicos

Aislamiento, purificación y análisis de ARN

Manchas de ácido nucleico e hibridación

Preparación de las sondas etiquetadas

Transformación y electroporación bacteriana

Secuenciación automatizada de ADN

PCR y diseño de imprimación

La clonación y el examen de la biblioteca de ADNc

Aislamiento y análisis del ADN del plásmido (columna de Qiagen)

Las técnicas de la proteína...

Transfección mamaria

Vectores de genes de expresión/informe

PCR y Taqman en tiempo real

PÁGINA 2-D y Proteómica

Proteómica funcional

Espectrometría de masas y proteómica

SDS-PAGE (lineal y gradiente)

Bioinformática de proteínas

Manipulación de proteínas (western) con inmuno detección y quimiluminiscencia mejorada

La tinción de plata de los geles de proteína

Clonación de expresiones

Una de las técnicas más básicas de la biología molecular para estudiar la función de las proteínas es la clonación de expresión. En esta técnica, se clona la codificación del ADN de una proteína de interés (utilizando la PCR y/o las enzimas de restricción) en un plásmido (conocido como vector de expresión). Un vector tiene tres características distintivas: un origen de replicación, un sitio de clonación múltiple (SCM) y un marcador selectivo (generalmente resistencia a los antibióticos). El origen de la replicación tendrá regiones promotoras aguas arriba del sitio de inicio de la replicación/transcripción.

Este plásmido puede ser insertado en células bacterianas o animales. La introducción de ADN en las células bacterianas puede hacerse por transformación (mediante la captación de ADN desnudo), conjugación (mediante el contacto célula-célula) o por transducción (mediante el vector viral). La introducción de ADN en las células eucarióticas, como las células animales, por medios físicos o químicos se llama transfección. Existen varias técnicas de transfección diferentes, como la transfección de fosfato de calcio, la electroporación, la microinyección y la transfección de liposomas. El ADN también puede introducirse en las células eucarióticas utilizando virus o bacterias como portadores, esto último se denomina a veces bactofección y en particular utiliza *Agrobacterium tumefaciens*. El plásmido puede estar integrado en el genoma, lo que da lugar a una transfección estable, o puede permanecer independiente del genoma, lo que se denomina transfección transitoria.

En cualquier caso, la codificación del ADN de una proteína de interés está ahora dentro de una célula, y la proteína puede ser expresada. Se dispone de diversos sistemas, como los promotores inducibles y los factores específicos de señalización celular, para ayudar a expresar la proteína de interés a niveles altos. Entonces se pueden extraer grandes cantidades de una proteína de la célula bacteriana o eucariota. La proteína se puede someter a pruebas de actividad enzimática en diversas situaciones, se puede cristalizar la proteína para estudiar su estructura terciaria o, en la industria farmacéutica, se puede estudiar la actividad de nuevos medicamentos contra la proteína.

Reacción en cadena de la polimerasa (PCR)

La reacción en cadena de la polimerasa es una técnica extremadamente versátil para copiar el ADN. En resumen, la PCR permite copiar una sola secuencia de ADN (millones de veces), o alterarla de forma predeterminada. Por ejemplo, la PCR se puede utilizar para introducir sitios de enzimas de restricción, o para mutar (cambiar) determinadas bases del ADN, este último es un método denominado "Cambio rápido". La PCR también puede utilizarse para determinar si un fragmento determinado de ADN se encuentra en una biblioteca de ADNc. La PCR tiene muchas variaciones, como la PCR de transcripción inversa (RT-PCR) para la amplificación del ARN y, más recientemente, la PCR en tiempo real (QPCR) que permite la medición cuantitativa de las moléculas de ADN o ARN.

Electroforesis en gel

La electroforesis en gel es una de las principales herramientas de la biología molecular. El principio básico es que el ADN, el ARN y las proteínas pueden ser separados por medio de un campo eléctrico. En la electroforesis en gel de agarosa, el ADN y el ARN pueden separarse en función de su tamaño haciendo pasar el ADN por un gel de agarosa. Las proteínas pueden separarse en función del tamaño utilizando un gel de SDS-PAGE, o en función del tamaño y su carga eléctrica utilizando lo que se conoce como electroforesis en gel 2D.

La macromolécula se secó y sondeó

Los términos *northern, western* y *eastern blotting* se derivan de lo que inicialmente era una broma de biología molecular que jugaba con el término Southern *blotting*, después de la técnica descrita por Edwin Southern para la hibridación del ADN borrado. Patricia Thomas, desarrolladora del borrón de ARN que luego se conoció como el borrón del *norte,* en realidad no usó el término. [21] Otras combinaciones de estas técnicas produjeron términos como *southwesterns* (hibridaciones proteína-ADN), *northwesterns (*para detectar interacciones proteína-ARN) yfarwesterns (interacciones proteína-proteína), todos los cuales se encuentran actualmente en la literatura.

Manchas del sur

Llamado así por su inventor, el biólogo Edwin Southern, la mancha de Southern es un método para sondear la presencia de una secuencia específica de ADN dentro de una muestra de ADN. Las muestras de ADN antes o después de la digestión de la enzima de restricción se separan por electroforesis en gel y luego se transfieren a una membrana por medio de un borrón por acción capilar. A continuación, la membrana se expone a una sonda de ADN etiquetada que tiene una secuencia de base de complemento a la secuencia en el ADN de interés. La mayoría de los protocolos originales utilizaban etiquetas radioactivas, sin embargo, ahora existen alternativas no radioactivas. La técnica de "Southern blotting" se utiliza con menos frecuencia en la ciencia de laboratorio debido a la capacidad de otras técnicas, como la PCR, para detectar secuencias específicas de ADN a partir de muestras de ADN. Sin embargo, estos borrones todavía se utilizan para algunas aplicaciones, como la medición del número de copias de transgénicos en ratones transgénicos, o en la ingeniería de líneas de células madre embrionarias de knockout genético.

Manchas del norte

El borrón septentrional se utiliza para estudiar las pautas de expresión de un tipo específico de molécula de ARN como comparación relativa entre un conjunto de diferentes muestras de ARN. Es esencialmente una combinación de electroforesis en gel de ARN desnaturalizado y un borrón. En este proceso, el ARN se separa en función del tamaño y luego se transfiere a una membrana que se prueba con un complemento etiquetado de una secuencia de interés. Los resultados pueden visualizarse de diversas maneras, según la etiqueta utilizada; sin embargo, la mayoría da lugar a la revelación de bandas que representan los tamaños del ARN detectado en la muestra. La intensidad de estas bandas está relacionada con la cantidad de ARN objetivo en las muestras analizadas. El procedimiento se utiliza comúnmente para estudiar cuándo y cuánta expresión génica se produce, midiendo la cantidad de ese ARN que está presente en las diferentes muestras. Es una de las herramientas más básicas para determinar en qué momento y bajo qué condiciones se expresan ciertos genes en los tejidos vivos.

Manchas occidentales

Los anticuerpos contra la mayoría de las proteínas pueden crearse inyectando pequeñas cantidades de la proteína en un animal como un ratón, un conejo, una oveja o un burro (anticuerpos policlonales) o producirse en un cultivo celular (anticuerpos monoclonales). Estos anticuerpos pueden ser utilizados para una variedad de técnicas analíticas y preparatorias.

En la técnica de Western blotting, las proteínas se separan primero por tamaño, en un gel delgado entre dos placas de vidrio en una técnica conocida comoSDS-PAGE (electroforesis en gel de poliacrilamida con dodecil sulfato de sodio). Las proteínas del gel se transfieren entonces a una membrana de PVDF, nitrocelulosa, nylon u otra membrana de soporte. Esta membrana puede ser probada con soluciones de anticuerpos. Los anticuerpos que se unen específicamente a la proteína de interés pueden ser visualizados por una variedad de técnicas, incluyendo productos coloreados, quimiluminiscencia o autorradiografía. A menudo, los anticuerpos están marcados con enzimas. Cuando un sustrato quimioluminiscente se expone a la enzima permite su detección. El uso de técnicas de Western blotting permite no sólo la detección sino también el análisis cuantitativo.

Se pueden utilizar métodos análogos a los de Western blotting para teñir directamente proteínas específicas en células vivas o secciones de tejido. Sin embargo, estos métodos de inmunotinción, como el FISH, se utilizan más a menudo en la investigación de la celular.

Manchas orientales

La técnica secuestro oriental es para detectar la modificación post-traducción de las proteínas. [31] Las proteínas que se secan en la membrana de PVDF o de nitrocelulosa son sondeadas para modificaciones usando sustratos específicos.

Los microarrays de ADN

Una matriz de es un conjunto de manchas adheridas a un soporte sólido, como un portaobjetos de microscopio, donde cada mancha contiene uno o más fragmentos de oligonucleótidos de ADN de una sola hebra. Las matrices permiten colocar grandes cantidades de manchas muy pequeñas (100 micrómetros de diámetro) en un solo portaobjetos. Cada punto tiene una molécula de fragmento de ADN que es complementaria a una sola secuencia de ADN (similar al Southern blotting). Una variación de esta técnica permite calificar la expresión génica de un organismo en una etapa particular de su desarrollo (perfil de expresión). En esta técnica el ARN de un tejido es aislado y convertido en ADNc etiquetado. Este ADNc se hibrida a continuación con los fragmentos de la matriz y se puede visualizar la hibridación. Dado que se pueden hacer múltiples arreglos con exactamente la misma posición de los fragmentos, son particularmente útiles para comparar la expresión génica de dos tejidos diferentes, como un tejido sano y otro canceroso. Además, se puede medir qué genes se expresan y cómo esa expresión cambia con el tiempo o con otros factores. Por ejemplo, la levadura de panadería común, *Saccharomyces cerevisiae*, contiene alrededor de 7000 genes; con un microarray se puede medir cualitativamente cómo se expresa cada gen y cómo cambia esa expresión, por ejemplo, con un cambio de temperatura. Hay muchas maneras diferentes de fabricar microarrays; las más comunes son los chips de silicio, los portaobjetos de microscopio con manchas de ~ 100 micrómetros de diámetro, las matrices personalizadas y las matrices con manchas más grandes en las membranas porosas (macroarrays). Puede haber desde 100 puntos hasta más de 10.000 en un arreglo dado.

También se pueden hacer arreglos con otras moléculas que no sean de ADN. Por ejemplo, un arreglo de anticuerpos puede usarse para determinar qué proteínas o bacterias están presentes en una muestra de sangre.

Oligonucleótido específico de los alelos

El oligonucleótido alelo específico (ASO) es una técnica que permite la detección de mutaciones de base única sin necesidad de PCR o electroforesis en gel. Se exponen sondas cortas (20-25 nucleótidos de longitud) y etiquetadas al ADN objetivo no fragmentado. La hibridación se produce con gran especificidad debido a la corta longitud de las sondas e incluso un solo cambio de base obstaculizará la hibridación. A continuación, el ADN diana se lava y se retiran las sondas etiquetadas que no se han hibridado. El ADN objetivo es entonces analizado por la presencia de la sonda a través de la radioactividad o la fluorescencia. En este experimento, como en la mayoría de las técnicas de biología molecular, se debe utilizar un control para asegurar el éxito de la experimentación. El Ensayo de Metilación de Ilumina es un ejemplo de un método que aprovecha la técnica ASO para medir las diferencias de un par de bases en la secuencia

Tecnologías anticuadas

En la biología molecular, se desarrollan continuamente procedimientos y tecnologías y se abandonan las tecnologías más antiguas. Por ejemplo, antes de la llegada de la electroforesis en gel de ADN (agarosa o poliacrilamida), el tamaño de las moléculas de ADN se determinaba típicamente mediante la sedimentación en gradientes de sacarosa, una técnica lenta y laboriosa que requiere una instrumentación costosa; antes de los gradientes de sacarosa se utilizaba la viscosimetría.

Aparte de su interés histórico, a menudo vale la pena conocer la tecnología más antigua, ya que en ocasiones es útil para resolver otro nuevo problema para el que la técnica más reciente es inapropiada.

Importancia clínica La investigación clínica y las terapias médicas derivadas de la biología molecular están parcialmente cubiertas por la terapia génica. El uso de la biología molecular o de los enfoques de la celular molecular en la medicina se denomina ahora medicina molecular. La biología molecular también desempeña un papel importante en la comprensión de las formaciones, acciones, regulaciones de las diversas partes de las células que pueden ser utilizadas eficientemente para atacar nuevas drogas, el diagnóstico de enfermedades, la fisiología de la célula.

Los sistemas taxonómicos se basan en la filogenia molecular

APG I, II, III y SISTEMAS SHIPNOV

Un desarrollo bastante tardío fue el advenimiento de la cladística, que sólo se hizo realidad con la disponibilidad de la computadora y la enorme avalancha de datos moleculares: el sistema APG II es sólo el último de una larga lista de sistemas.

En este sistema los datos moleculares fueron la herramienta para construir este sistema, y de acuerdo con estos datos las angiospermas se clasificaron en ocho categorías como sigue:-

- *Amborella* - una sola especie de arbusto de Nueva Caledonia
- Ninfas - unas 80 especies - lirios de agua e Hydatellaceae
- Austrobaileyales - alrededor de 100 especies de plantas leñosas de varias partes del mundo
- **Mesangiospermas que** se dividieron en:-

1- Chloranthales - varias docenas de especies de plantas aromáticas con dientes

Hojas

2- *Ceratophyllum* - cerca de 6 especies de plantas acuáticas, tal vez más conocidas como plantas de acuario

3-Magnólidos - alrededor de 9.000 especies, caracterizados por flores cortantes, polen con un poro, y hojas generalmente ramificadas - por ejemplo magnolias, laurel y pimienta negra.

4- eudicots - unas 175.000 especies, caracterizadas por 4- o 5- floreserous polen con tres poros, y hojas generalmente ramificadas - por ejemplo girasoles, petunia, ranúnculo, manzanas y robles

5- monocotiledóneas - alrededor de 70.000 especies, caracterizadas por flores trituradas, un solo cotiledón, polen con un poro y hojas generalmente de venas paralelas - por ejemplo, hierbas, orquídeas y palmeras

La relación exacta entre estos ocho grupos no está todavía clara, aunque se ha determinado que los tres primeros grupos que se desviaron del angiospermato ancestral fueron los Amborellales, los Ninfales y los Austrobaileyales, en ese orden.

Detalles del sistema de clasificación del APGII

La clasificación que figura a continuación se basa en la presentada en la filogenia del angiospermas.

1- **Orden: Amborellales**

Contiene una sola especie, *Amborella trichopoda*, endémica de la isla de Nueva Caledonia y que no se encuentra en el sur de África.

2-Orden: Nymphaeales

Contiene dos familias: las Cabombaceae y las Nymphaeaceae (familia de los nenúfares). Existen ocho géneros y 64 especies en todo el mundo, con dos géneros y tres especies autóctonas del sur de África.

3-Orden: Austrobaileyales

Contiene tres familias: Austrobaileyaceae, Illiciaceae y Trimeniaceae, ninguna de las cuales tiene representantes indígenas en el África meridional. Sin embargo, el *Illicium verum* (anís estrellado) de las Illiciaceae, se cultiva en la región

4- Grupo de Mesangiospermas

1-Orden: Chloranthales

Contiene una sola familia, las clorantáceas, que no se encuentra en el África meridional.

2--Orden: Ceratofílicos

Contiene una sola familia, las Ceratophyllaceae, que contiene un solo género *Ceratophyllum*. Hay unas seis especies, de las cuales tres son autóctonas del África meridional.

3-Magnolíticos

1-Orden: Magnoliales

Hay un total de cinco familias, de las cuales una, la Annonaceae, es indígena del África meridional. Además, en el África meridional se cultivan las Magnoliaceae (magnolias) y las Myristicaceae (incluye el árbol de la nuez moscada). A nivel mundial, hay unos 154 géneros y 2929 especies, de los cuales ocho géneros y 14 especies (todos en las Annonaceae) son autóctonos del África meridional.

2-Orden: Laurales

Hay siete familias, de las cuales cuatro se encuentran en el África meridional. Las lauráceas son las más diversas de la región, con cuatro géneros autóctonos y 10 especies (entre ellas Stinkwood), así como importantes especies cultivadas como el aguacate, la canela y el laurel (que produce hojas de laurel).

3-Orden: Canellales

Nueve géneros y alrededor de 88 especies en dos familias, Canellaceae y Winteraceae. Sólo una especie es autóctona del África meridional y también hay una especie que se cultiva en la región.

4-Orden: Piperales

Este orden contiene cuatro familias, 17 géneros y 2090 especies, con tres familias, cuatro géneros y seis especies autóctonas del África meridional. Una especie adicional se naturaliza y otras 20 especies se cultivan en la región.

4-eudicotiledóneas

1-Orden: Ranunculales

Siete familias, 199 géneros y 4.445 especies, con 18 géneros y 47 especies autóctonas del África meridional, y cuatro géneros y seis especies naturalizadas. En la región se cultivan otros 24 géneros y 57 especies.

2-Orden: Sabiales

Una familia, Sabiaceae, no se encuentra en el África meridional.

3-Orden: Proteales

4-Orden: Trochodendrales

5-Orden: Buxales

6-Orden: Artilleros

7- El núcleo del grupo de Eudicots e incluye las siguientes órdenes:-

1- Orden: Berberidopsidales

2- Orden: Dilleniales

3- Orden: Caryophyllales

4- Orden: Santalales

5- Orden: Saxifragales

6- Orden Vitales

7- Rosidas que se dividieron en dos grupos

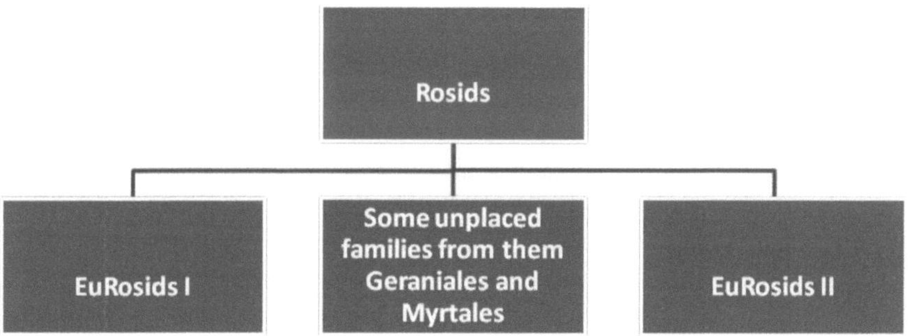

Eurosids I Include **eight** orders:- Zygophyllales, Celastrales, Malpighiales, Oxalidales, Fabales, Rosales, Cucurbitales and Fagales

Eurosids II incluye **cuatro** órdenes: Hueteales, Brassicales, Malvales y Sapindales.

8- Los asteriscos que se dividen en cuatro categorías como sigue:-

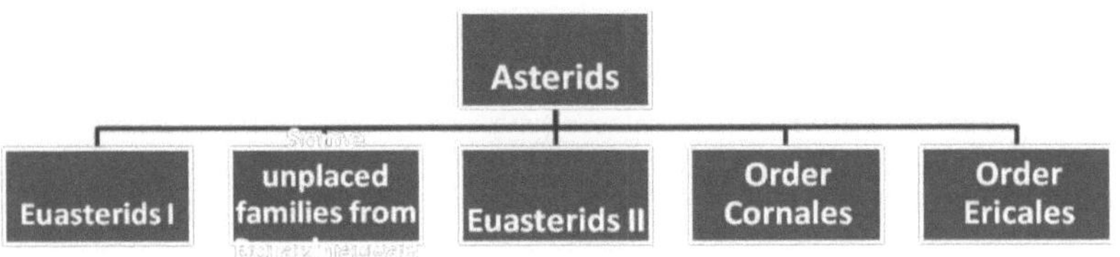

Euasterids I tiene 4 órdenes: Garryales, Gentianales, Lamiales y Solanales.

Euasterids II tiene 4 órdenes: Aquifoliales, Apiales, Asterales y Dipsacales.

5-Monocots

1-Orden: Acorales

Contiene una sola familia, las Acoraceae, que contiene un solo género, *Acorus*. Este género fue previamente colocado en las Araceae. *Acorus calamus* (Sweet-flag) se cultiva en el sur de África

2-Orden: Alismatales

Con excepción de las aráceas (familia de los lirios arum), todas las familias de los alismatales que se dan en el África meridional son plantas acuáticas o que habitan en los pantanos. Los miembros de las Aráceas se encuentran a menudo en situaciones pantanosas y algunos miembros son acuáticos (los que antes pertenecían a la familia de las Lemnáceas), pero muchas especies pueden encontrarse lejos del agua. Hay 14 familias, 166 géneros y 4490 especies en el orden mundial, de las cuales 10 familias, 25 géneros y 57 especies son autóctonas del África meridional. Además, 3 géneros y 3 especies están naturalizados y 21 géneros y 47 especies se cultivan en la región.

3-Orden: Petrosaviales

Una familia, Petrosaviaceae, no se encuentra en el África meridional.

4-Orden: Dioscoreales

Tres de las cinco familias se encuentran en el África meridional, la Dioscoreaceae (familia del ñame), que es con mucho la más numerosa. En todo el mundo hay unos 21 géneros y 1037 especies, de los cuales dos géneros y 17 especies (principalmente la *Dioscorea*) son autóctonos del África meridional. Además, en la región se cultiva un género (*Tacca*) con dos especies.

5- Orden: Pandanales

Dos de las cinco familias son indígenas del África meridional. Hay 36 géneros y 1345 especies en todo el mundo, de los cuales tres géneros (*Talbotia, Xerophyta* y *Pandanus*), y 11 especies son indígenas de África meridional. En la región se cultivan un género y dos especies adicionales.

6- Orden: Liliales

Cuatro de las once familias se encuentran en el África meridional, pero sólo dos de ellas son indígenas. Hay alrededor de 67 géneros y 1558 especies, de los cuales 13 géneros y 68 especies son indígenas del África meridional. En el África meridional se cultivan otros seis géneros y 17 especies.

7- Orden: Asparagales

Veinticuatro familias, de las cuales 17 se encuentran en el África meridional. Hay 1122 géneros y 26071 especies, de los cuales 156 géneros y 2849 especies son autóctonos del África meridional. Otros tres géneros y seis especies están naturalizados, y otros 155 géneros y 576 especies están registrados como cultivados en el África meridional.

8-Grupo de comelínidos que incluyen las siguientes órdenes:-

1-Orden: Arecales (palmas)

Los Arecaceae son la única familia de la orden. Existen 189 géneros y 2361 especies (cosmopolitas, principalmente en las regiones más cálidas), con cinco géneros y seis especies autóctonas del sur de África. En la región se cultivan otros 103 géneros y 276 especies.

2- Orden: Poales

Siete familias, de las cuales 10 se encuentran en el África meridional. En todo el mundo se han registrado 997 géneros y 18325 especies, de los cuales 230 géneros y 1621 especies son autóctonos del África meridional. Otros 33 géneros y 129 especies están naturalizados, y otros 43 géneros y 344 especies están registrados como cultivados en África meridional.

3- Orden: Commelinales

Cinco familias, de las cuales tres se encuentran en el África meridional. Se han registrado 68 géneros y 812 especies en todo el mundo, de los cuales 12 géneros y 51 especies son autóctonos del África meridional. Otros dos géneros y dos especies están naturalizados, y otros seis géneros y 16 especies están registrados como cultivados en África meridional.

4- Orden: Zingiberales

Ocho familias, de las cuales siete se encuentran en el África meridional. En todo el mundo se han registrado 92 géneros y 2111 especies, de los cuales tres géneros y ocho especies son autóctonos del África meridional. Otros dos géneros y cuatro especies están naturalizados, y otros 15 géneros y 35 especies están registrados como cultivados en África meridional.

Hoy en día, utilizando el ADN y otras propiedades químicas, así como los datos del microscopio electrónico (EM) de, por ejemplo, granos de polen, esporas y flagelos, se alcanzan resultados significativamente diferentes, en comparación con las concepciones de, por ejemplo, hace 10 años, cuando tales datos estaban mucho menos disponibles. Otra novedad importante en este campo de especialización es el procesamiento sistemático de cantidades muy elevadas de datos con la computadora. Estos conocimientos filogenéticos sirven de base para un sistema taxonómico como el anterior, que da nombre a las principales ramas del árbol. Los desarrollos están todavía muy avanzados, y pueden ser monitoreados casi en vivo en el sitio web de filogenia de angiospermas.

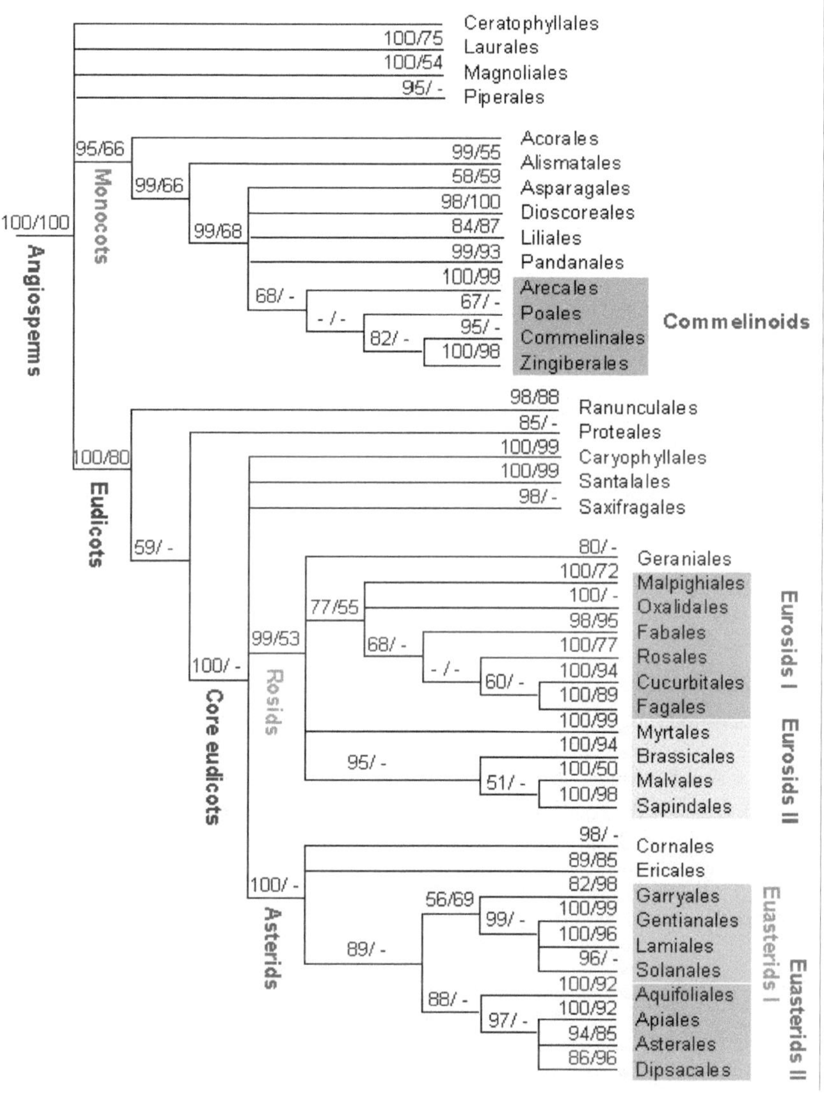

Objeciones a los sistemas de clasificación del APG

1-Muchos pedidos y familias no estaban seguros de ser colocados con grupos no relacionados.

2- Hay muchas órdenes monofiléticas.

3-Muchas órdenes representadas por una sola familia.

4-El grupo **Amborellales** está representado por una sola especie.

5- Hay un número de familias puestas sin asignación a las órdenes.

6-El prefijo Eu- no es aceptado por muchos científicos.

7-El nenúfar y una magnolíada puestos en un clado angiospermico basal sin asignación a monocotiledóneas o dicotiledóneas.

8-Las Liliales: las Liliáceas fueron divididas en varias familias, y muchas de ellas fueron trasladadas a una nueva orden de Asparagales, que también tiene las Orquídeas.

9-Un gran cambio en Poales: los pastos se alejaron de las juncias, las totoras e incluso... Bromelias.

10-El cambio en Scrophulariaceae, que perdió muchas especies por Plantaginaceae, pero ganó *Buddlej*, es inaceptable.

11-Muchas familias no relacionadas se unieron de acuerdo a sus secuencias de ADN.

12- Las familias Nymphaeaceae y Schisandraceae no pertenecen ni a las monocotiledóneas ni a las dicotiledóneas.

Por esa y muchas otras objeciones, los sistemas de APG consideraron sistemas artificiales de clasificación porque depende de un solo carácter (secuencias de ADN). En consecuencia, los taxónomos trataron de lograr un sistema más natural combinando las secuencias de ADN con otras herramientas de taxonomía, como la palinología, la morfología de las semillas, la anatomía....etc.

Sistema Shipnov (2005)

Los recientes análisis cladísticos están revelando la filogenia de las plantas con flores con cada vez más detalle, y hay apoyo a la monofilia de muchos grupos importantes por encima del nivel familiar. Una vez establecidos muchos elementos de la principal secuencia de ramificación de la filogenia, una clasificación suprafamiliar revisada de las plantas con flor es factible y deseable. En este sistema se ha establecido **una clasificación de 462 familias de plantas con flor en 40 órdenes supuestamente monofiléticas y un pequeño número de** grupos superiores **monofiléticos e informales**. Estos últimos son las monocotiledóneas, comelinoides, eudicotiledóneas, eudicotiledóneas centrales, rosáceas, incluidas las eurosidas I y II, y asteridas, incluidas las euasteridas I y II. En estos grupos informales también se enumeran varias familias sin asignación de orden. Al final del sistema hay una lista adicional de familias de posición incierta para las que no existen datos firmes sobre su colocación en ningún lugar del sistema.

Este sistema (Sistema Shipnov) **refleja básicamente el trabajo del Grupo de Filogenia de Angiospermas (APG)*.** Hoy en día, utilizando el ADN **y otras propiedades químicas, así como los datos del microscopio electrónico (ME) de, por ejemplo, granos de polen, esporas y flagelos, se alcanzan** resultados significativamente diferentes, en comparación con las concepciones de, por ejemplo, hace 10 años, cuando tales datos estaban mucho menos disponibles. Otra novedad importante en este campo de especialización es **el procesamiento sistemático de cantidades muy elevadas de datos con la computadora**. Los resultados se visualizan **en cladogramas; una especie de árboles evolutivos, que muestran las relaciones exactas entre los especímenes examinados.**

Primero: echa un vistazo a los **viejos Monocots y Dicots. Los encontrarán ahora acompañados de dos grupos hermanos: un grado de "Angiospermas basales" que incluye el nenúfar y un clado de Magnoliad**. Por lo tanto, estos dos últimos ya **no pertenecen a los verdaderos Dicots, o a los Monocots**. Otro nuevo desarrollo importante tuvo lugar dentro y alrededor de los Liliales**: las Liliáceas fueron divididas en varias familias, y muchas de ellas fueron trasladadas a una nueva orden de Asparagales, que también tiene las Orquídeas**. Un **cambio** importante **dentro de Poales** también: los pastos se hicieron **compañía aquí de las juncias, totoras** e incluso... Bromelias. No es directamente visible en el sistema anterior el **cambio en Scrophulariaceae**, que perdió muchas especies por Plantaginaceae, pero ganó *Buddleja*. Y estos son solo algunos ejemplos de los muchos cambios...

Shipnov ha sustituido algunos de los nombres utilizados por Judd y el APG por alternativas más acordes con las normas en el ámbito de la nomenclatura taxonómica. De sus observaciones y rechazos en los sistemas de APG los siguientes puntos:-

1- **Por ejemplo, "Euasterids I" se convirtió en "Lamianae".**

2-La terminación -anae indica un superorden; Shipnov ha usado esto en todo momento, en lugar de la obsoleta **-iflorae**.

3- Así que al autor no le gustan los números en los nombres, o los prefijos Eu- cuando no son explícitos: qué es eu/bien entonces (Eukariontes está bien, pero le parece que Euasterids es un mal nombre).

4-As por lo que a él respecta, Dicots y Gramineae pueden quedarse; aparentemente merecen sus nombres únicos, y algo de respeto por esto es sólo apropiado.

Los objetivos del autor

1) **Un clado es un grupo de plantas, animales u otros organismos, compuesto por una especie ancestral y todos sus descendientes** (= **un grupo monofilético = un grupo natural = una rama particular del árbol de la vida, incluyendo todas las ramas laterales de esa rama**). La palabra *clade* proviene de *cladogram* y *cladistics*, y el tallo de esas palabras fue tomado del griego: *klados* = rama. **Un grado evolutivo es un conjunto de ramas laterales vecinas (clades), que tienen un grado de desarrollo similar.** El ancestro común no es exclusivo aquí, sino que también es un ancestro de un clado apical (de mayor desarrollo). Un *grado* se define a menudo en relación con el clado apical, que es por la ausencia de caracteres de mayor desarrollo. Pero cuando un grupo más desarrollado es un clado, no se deduce que las restantes especies menos desarrolladas también pertenezcan a un solo clado.

2) Los nombres Malvanae y Lamianae tienen la intención de ser contrapartes taxonómicas formales de los términos filogenéticos informales del APG, a saber: "Eurosidas II" y "Euasteridas I", respectivamente.

3) La terminación -iflorae para superórdenes recuerda al orden de Tubiflorae del siglo XIX, posteriormente elevado al rango de superorden (y en el sistema anterior a subclase). Armen Takhtajan propuso la terminación -anae para superórdenes en 1967, y a finales de la década de 1980 esto era de uso común ("florae" suena raro para las no florecientes).

4) Tomemos el ejemplo de los Monocots y Dicots. En el pasado reciente se ha intentado sustituir estos nombres por Liliidae y Magnoliidae, respectivamente. Es decir, cuando el autor los clasificó como subclases. En el sistema anterior se ven como clases, por lo que debería haber sido Liliopsida y Magnoliopsida entonces. Estos nombres sistemáticos **no son explícitos**; dependen del contexto, de la opinión del autor. Otro argumento en contra de tales nombres es que deben **ser sustituidos cuando hay nuevas ideas en materia de filogenia.** De hecho, éste es el caso de ambos nombres en este ejemplo.

5-Las Lilias no superan el nivel de orden en este momento (Liliales); el superorden resultó no ser un clado, es un grado en el mejor de los casos.

6- Las Magnolias son sacadas de las Dicots, por lo que el nombre Magnoliopsida ahora sólo se refiere a un pequeño grupo, hermana de Monocots y Dicots s.s.. La familiaridad, estabilidad y el carácter inequívoco de muchos nombres antiguos compensaría un posible cambio menor en la significación. Lo que cuenta es que el lector tenga una pista sobre la naturaleza del grupo en cuestión.

Hoy en día el concepto de **tipo de Aristóteles** (***que mantiene que las especies son entidades fijas y no variables y se basan en una encarnación o tipo ideal o fijo***) se ha tomado en consideración y los taxonomistas creen conveniente basarse en él.

Comparación de las recientes clasificaciones filogenéticas APG II y Thorne	
APGII (2003)	**Thorne (2006)**
Familias no ubicadas en la base: Amborellaceae, Cabombaceae, Chloranthaceae, Nymphaeaceae **Grupo Informal 1. Magnoliids** **2. Monocots** Orden: Liliales La familia: **Liliaceae** **3. Commelinids** Orden: Poales La familia: **Poaceae** **4. Eudicots** Orden: Ranunculales La familia: **Ranunculaceae** **5. Core Eudicots** Orden: Caryophyllales La familia: **Amaranthaceae** (inc. **Chenopodiaceae**)	**Subclase 1. Chloranthidae** **2. Magnoliidae** **3. Alismatidae** **4. Liliidae** Superorden: Lilianae Orden: Liliales La familia: **Liliaceae** Orden: Poales La familia: **Poaceae** **5. Commelinidae** **6. Ranunculidae** Superorden: Ranunculanae Orden: Ranunculales La familia: **Ranunculaceae** **7. Hamamelididae** **8. Caryophyllidae** Superorden: Caryophyllanae

<table>
<tr>
<td>6. Rosids
7. Eurosids I
Orden: Malpighiales
La familia: Euphorbiaceae
Orden: Fabales
La familia: Fabaceae
8. Eurosids II
Orden: Brassicales
La familia: Brassicaceae
Orden: Malvales
La familia: Malvaceae
Orden: Sapindales
La familia: Rutáceas
9. 9. Asteriscos
10. Euasterids I
Orden: Gentianales
La familia: Apocynaceae
(inc. Asclepiadaceae)
Orden: Lamiales
La familia: Acanthaceae
La familia: Lamiaceae
Orden: Solanales
La familia: Solanaceae
11. Euasterides II
Orden: Apiales
La familia: Apiaceae</td>
<td>Orden: Caryophyllales
La familia: Chenopodiaceae
9. Rosidae
Superorden: Geranianae
Orden: Euforbiales
La familia: Euphorbiaceae
Superorden: Rosanae
Orden: Rosales
La familia: Fabaceae
Superorden: Malvanae
Orden: Malvales
La familia: Malvaceae
Superorden: Capparanae
Orden: Capparales
La familia: Superorden de las
Brassicaceae: Malvanae
Orden: Malvales
La familia: Malvaceae
Superorden: Rutanae
Orden: Rutales
La familia: Rutáceas
10. Asteridae
Superorden: Aralianae
Orden: Araliales
La familia: Apiaceae
11. Lamiidae
Superorden: Solananae
Orden: Solanales
La familia: Solanaceae
Superorden: Lamianae
Orden: Rubiales</td>
</tr>
</table>

Literatura importante

Adl, S.M.; Simpson, A.G.B.; Lane, C.E.; Luke, J.; Bass, D.; Bowser, S.S.; *y otros* (2015). *"La clasificación revisada de los eucariotas"*. Journal of Eukaryotic Microbiology. **59**: 429–493.

Altschul S.F, Gish W, Miller W, Myers E.W, Lipman D.J (1990). Herramienta de búsqueda de alineación local básica. J. Mol. Biol. 1990;215:403-410.

Baldwin B.G.(1992). Utilidad filogenética de los espaciadores transcritos internamente del ADN ribosomal nuclear en plantas: Un ejemplo de las Compositae. Mol. Phylogenet. Evol.; 1:3-16.

Braslavsky I, Hebert B, Kartalov E, Quake S.R.(2003). La información de la secuencia se puede obtener de moléculas de ADN individuales. Proc. Natl. Acad. Sci. USA. 100:3960–3964.

Cavalier-Smith, T. (1998). "A revised six-kingdom system of life". *Biological Reviews*. **73** (03): 203–66.

Chatton, É. (1925). *"Pansporella perplexa". Reflexiones sobre la biología y la filogenia de los protozoos". Anales de las Ciencias Naturales - Zoología y Biología Animal. 10-VII: 1-84.*

Copeland, H. (1938). *"Los reinos de los organismos". Revista trimestral de biología. **13**: 383–420*

Datta, Subhash Chandra (1988). *Systematic Botany (4 ed.). Nueva Delhi: New Age Intl. ISBN 8122400132. Recuperado el 25 de enero de 2015.*

Gaston, K. J. (2000). "Global patterns in biodiversity". *La naturaleza*. **405** (6783): 220–227.

Gaston, K. J.; Spicer, J. I. (2004). *Biodiversidad: An Introduction*. Wiley.

Haeckel, E. (1866). *Morfología general de los organismos. Reimer, Berlín.*

Judd, W.S., Campbell, C.S., Kellogg, E.A., Stevens, P.F., Donoghue, M.J. (2007) Taxonomía. En *Plant Systematics - A Phylogenetic Approach, tercera edición*. Sinauer Associates, Sunderland.

Karp A, Seberg O, Buiatti M.(1996). Molecular Techniques in the Assessment of Botanical Diversity. Ann. Bot.; 78:143-149.

Kress W.J, Wurdack K.J, Zimmer E.A, Weigt LA, Janzen D.H. (2005). Utilización de códigos de barras de ADN para identificar plantas con flores. Proc. Natl. Acad. Sci. ; 102:8369-8374.

Kress W.J, Erickson D.L, Jones F.A, Swenson N.G, Perez R, Sanjur O, Bermingham E.(2009). Códigos de barras de ADN de plantas y filogenia comunitaria de una parcela de dinámica de bosque tropical en Panamá. *Proc. Acad. nacional. Sci.* EE.UU. 9;106:18621–18626.

Krogh, D., 2000. *Biología: una guía del mundo natural* Prentice Hall, Inc.

Lerner H.R.L, Fleischer R.C.(2010). Perspectivas de utilización de los métodos de secuenciación de nueva generación en la Ornitología. El Auk. 127:4–15.

Linneo, C. (1735). *Systemae Naturae, sive regna tria naturae, systematics proposita per classes, ordines, genera & species.*

Linnaeus, C. (1753) .*Species Plantarum*. Estocolmo, Suecia.

Linnaeus, C. (1758) *Systema naturae, sive regna tria naturae systematice proposita per classes, ordines, genera, & species,* 10th Edition. Haak, Leiden.

Luketa S. (2012). *"Nuevos puntos de vista sobre la megaclasificación de la vida" (PDF). Protistología. 7 (4): 218–237*

Mayr, E. (1968). "El papel de la Sistemática en la Biología: El estudio de todos los aspectos de la diversidad de la vida es una de las preocupaciones más importantes de la biología", *Science*, **159** (3815): 595-599.

Mayr, E. (1982). El cambiante entorno intelectual de la biología. En *The growth of biological thought*, 83-146. Cambridge, MA: Belknap.

Morton, A. G. (1981). *Historia de la ciencia botánica: Un relato del desarrollo de la botánica desde la antigüedad hasta el presente*. Londres: Academic Press.

Prober JM, Trainor GL, Dam RJ, Hobbs FW, Robertson CW, Zagursky RJ, Cocuzza AJ, Jensen MA, Baumeister K. (1987). Un sistema para la rápida secuenciación del ADN con dideoxinucleótidos fluorescentes que terminan en cadena. Ciencia. ; 238:336-341.

Ruggiero, M.A.; Gordon, D.P.; Orrell, T.M.; Bailly, N.; Bourgoin, T.; Brusca, R.C.; y otros (2015). *"Una clasificación de nivel superior de todos los organismos vivos". PLoS ONE.* ***10*** *(4)*

Sanger F, Nicklen S, Coulson A.R.(1977). Secuenciación de ADN con inhibidores de terminación de cadena. Proc. Natl. Acad. Sci. USA. ; 74:5463-5467.

Schuster S.C.(2008). La secuenciación de nueva generación transforma la biología actual. Nat. Nat. 5:16–18.

Simpson, G. G. (1961). Sistemática, taxonomía, clasificación, nomenclatura. En *Principio de taxonomía animal.* Por G. G. Simpson, 1-34. Nueva York: Columbia Univ. Press.

Simpson, M.l G. (2010). *"Capítulo 1 Sistemática de plantas: una visión general". Plant Systematics (2ª ed.). Prensa académica.*

Small, E. (1989). "Sistemática de la Sistemática Biológica (O, Taxonomía de la Taxonomía)". *Taxón.* **38** (3): 335–356.

Stace, Clive A. **(1989) [1980].** *Plant taxonomy and biosystematics (2ª. ed.). Cambridge: Cambridge University Press. Recuperado el 29 de abril de 2015.*

Stevens, P. F. (1986). Evolutionary classification in botany, 1860-1985. Diario del *Arnold Arboretum* 67:313-339

Stuessy, Tod F. (2009). *Plant Taxonomy: The Systematic Evaluation of Comparative Data. Columbia University Press. Recuperado el 6 de febrero de 2014.*

Wheeler, Quentin D. (2004). "Taxonomic triage and the poverty of phylogeny". En H. C. J. Godfray y S. Knapp. Taxonomía *para el siglo XXI. Philosophical Transactions of the Royal Society.* **359**. págs. 571 a 583.

Whittaker, R. H. (1969). *"Nuevos conceptos de reinos de organismos". La ciencia.* ***163*** *(3863): 150–60.*

Williams J.G.K, Kubelik A.R, Livak K.J, Rafalski J.A, Tingey S.V(1990). Los polimorfismos de ADN amplificados por cebadores arbitrarios son útiles como marcadores genéticos. Núcleo. Ácidos Res. 18:6531-6535.

Wilson, E. O.(2004). La taxonomía como disciplina fundamental. *Transacciones filosóficas de la Sociedad Real de Londres B* 359:739.

Woese, C.; Kandler, O.; Wheelis, M. (1990). *"Hacia un sistema natural de organismos: propuesta para los dominios Archaea, Bacteria y Eucarya". Actas de la Academia Nacional de Ciencias de los Estados Unidos de América.* ***87*** *(12): 4576–9.*

Printed by Books on Demand GmbH, Norderstedt / Germany